U0272516

彩插 1 番茄筋腐病

彩插 2 番茄畸形果

彩插 3 番茄日灼果

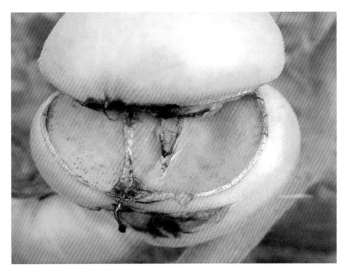

彩插 4　番茄顶裂果

彩插 5　枯萎病

彩插 6　病毒病

彩插 8　晚疫病

彩插 7　灰霉病

彩插 9　叶霉病

彩插 10　溃疡病

彩插 11　黄萎病

彩插 12　根结线虫病

彩插 13　防治蚜虫

彩插 14　白粉虱

番茄
安全高效生产关键技术问答

姚秋菊　王志勇　赵艳艳　主　编

中原农民出版社

·郑州·

图书在版编目(CIP)数据

番茄安全高效生产关键技术问答/姚秋菊,王志勇,赵艳艳
主编.—郑州:中原农民出版社,2018.8
ISBN 978-7-5542-1986-7

Ⅰ.①番… Ⅱ.①姚…②王…③赵… Ⅲ.①番茄-蔬菜园
艺-问题解答 Ⅳ.①S641.2-44

中国版本图书馆 CIP 数据核字(2018)第 175173 号

番茄安全高效生产关键技术问答
姚秋菊 王志勇 赵艳艳 主编

出版社:中原农民出版社	官网:www.zynm.com
地址:郑州市经五路 66 号	邮政编码:450002
办公电话:0371-65751257	购书电话:0371-65724566

编辑部投稿信箱:Djj65388962@163.com 895838186@qq.com
策划编辑联系电话:13937196613 0371-65788676
交流QQ:895838186

发行单位:全国新华书店
承印单位:河南安泰彩印有限公司

开本:787mm×1092mm	1/16
印张:9.5	
字数:213 千字	插页:4
版次:2018 年 11 月第 1 版	印次:2018 年 11 月第 1 次印刷

书号:ISBN 978-7-5542-1986-7   定价:39.90 元
本书如有印装质量问题,由承印厂负责调换

主　编

姚秋菊　王志勇　赵艳艳

主　审

张晓伟

副主编（以姓氏笔画为序）

程泽强　魏小春

本书作者（排名不分先后）

高冠英　王　彬　陈　直　柯　利
胡长庚　吴　伟　祖均怀　胡　娥

内容简介

　　全书采用问答形式,根据番茄生长发育特性和对环境条件的要求,对番茄四季栽培关键技术进行了系统的介绍。内容包括:概述,适宜种植番茄的环境条件,番茄四季栽培技术,番茄育苗技术,番茄病虫害防治技术、新型农业设施与设备在番茄生产上的应用等。本书内容全面,技术实用,文字简练,适合广大菜农和基层农业技术推广人员学习使用,也可供农业院校相关专业师生阅读参考。

前　言

　　番茄,别名西红柿、洋柿子,古名六月柿、喜报三元。原产南美洲,中国南北方现在广泛栽培。番茄果实营养丰富,具特殊风味,可生食、加热食用,加工制成番茄酱、汁或整果罐藏等。

　　俗话说"西红柿,营养好,貌美年轻疾病少"。随着人们生活水平的提高,消费者对食品安全、便利性和体验度的需求不断加深,对番茄的消费习惯也发生了明显变化,食用需求由原来的调味佐餐上升到日常的营养保健。近年来,我国生鲜番茄及其制品的消费以年均15%的增长率高速发展,销售额过万亿元,市场前景广阔。

　　番茄关系到千家万户的"菜篮子",对其营养、风味、口感、食用安全性(农药残留、重金属超标与否)等要求越来越高,产品质量安全问题备受关注。番茄生产者要抓住农业绿色发展的好机遇,推进标准化生产,实行减量替代、减量控害、综合利用,既要实现周年生产又要保证产品质量,从而实现安全优质和丰产高效。

　　调整优化种植结构,努力提高番茄产业发展质量效益和竞争力,意义重大、任务艰巨。为推进番茄的布局区域化、经营规模化、生产标准化、发展产业化,加速番茄全产业链品牌建设,笔者结合多年工作实践,通过深入走访座谈,广泛收集番茄种植区的成功栽培经验,形成了本书。为方便读者,本书通过一问一答的形式,从番茄起源、栽培制度、生产模式及管理技术的介绍到智慧农业的创新应用,希望能为广大菜农及从事番茄生产管理的技术人员提供帮助。

　　由于笔者水平有限,书中不妥之处,欢迎广大读者批评指正。

姚秋菊

2018 年 1 月

目　录

一、番茄生产概述

　　番茄是茄科茄属番茄亚属的多年生草本植物，果实营养丰富，可作水果生食，也可凉拌或炒菜、做汤熟食，还可制成罐头等食品，现我国普遍栽培。本部分内容主要介绍了番茄的起源、习性、生长环境、营养价值、创意概念、生产类型和主要栽培模式等，让广大种植户了解番茄生产的基础知识。

1. 番茄的起源在哪里？中国什么时间开始种植的？

番茄起源在南美洲安第斯山地带,是在秘鲁、厄瓜多尔、玻利维亚等地森林里生长的一种野生植物,原名"狼桃"。16世纪,英国有位名叫俄罗达拉的公爵在南美洲旅游,很喜欢番茄这种观赏植物,作为爱情的礼物献给了情人伊丽莎白女王以表达爱意。随后,人们都把番茄种在庄园里,并作为象征爱情的礼品赠送给爱人。从此,"爱情果""情人果"之名就广为流传了。到了18世纪,意大利厨师用番茄做成佳肴,色艳、味美,客人赞不绝口,番茄终于登上了餐桌。

1983年,中国考古工作者在成都市凤凰山的一座汉代古墓中发现了番茄种子,这说明中国在两千年以前已栽培番茄。成书于明代王象晋的《群芳谱》中有:"番柿一名六月柿。茎似蒿,高四五尺,叶似艾,花似榴,一枝结五实,或三四实,一数二三十实。缚作架,最堪观……草本也,来自西番,故名"记载。因为番茄酷似柿子,颜色是红色的,又来自西方,所以有"西红柿"的名号。

2. 番茄有哪些营养价值和保健作用？

(1)番茄的营养价值　据测定,每100 g番茄含水分93～96 g,约含蛋白质1.2 g、脂肪0.2 g、碳水化合物4 g、膳食纤维0.6 mg、钙23 mg、磷26 mg、铁0.5 mg、钾163 mg、钠5 mg、硒0.15 mg、锌0.15 mg、维生素A 92 mg、胡萝卜素55 μg、维生素B_1 0.05 mg、维生素B_2 0.01 mg、维生素B_3 0.5 mg、维生素C 19 mg、维生素E 0.57 mg,可供热量71 J;此外还含有谷胱甘肽、P-香豆酸和氯原酸。

(2)番茄的保健作用　番茄有很强的保健功能,每人每日只需食用100～200 g,就可以满足人体对维生素与矿物质的需求。所含维生素A,是眼睛视网膜细胞内视紫红质的组成成分,可防治夜盲症和眼干燥症,还可以改善白内障,亦有增强皮肤弹性之功效。所含维生素C能够维持牙齿、骨骼、血管、肌肉的正常生理功能;有利于体内抗体的生成,增加机体抗感染的能力;能够改进脂质代谢,保护心血管功能,防止动脉硬化;有抗脂质氧化和消除自由基的功能。番茄所含的果糖与葡萄糖,可起到营养心肌与保护肝脏的功效。番茄内所含的细纤维素,能助消化,对促进肠道腐败饮食的排泄、降低胆固醇有不可低估的功效。番茄特有的番茄红素是一种类胡萝卜素,可提高机体免疫力,抑制肿瘤生长,有助于延缓衰老,增强抗辐射能力,可以降低体内低密度脂蛋白(坏胆固醇),防止动脉硬化。番茄里的苹果酸与柠檬酸可以帮助胃液对蛋白质、脂肪的消化与吸收,可以抑制各类细菌与真菌,有助于口腔炎症的治疗。番茄含有丰富的钾,有利于维持体内水、酸碱平衡与渗透压,达到降低血压作用。另外,它含有的铁、钙、镁等元素,有益于补血。近年的研究还发现番茄中还含有一种抗癌、防衰老的物质谷胱甘肽,以及P-香豆酸和氯原酸,都有消除致癌物质亚硝胺的作用。

3. 番茄生产对环境条件有哪些要求？

一般要求天气晴朗干燥,雨水较少,日照充足,有充足灌溉条件的栽培环境。因此番茄在气候温暖、光照较强的春秋季节生长良好,产量高。在夏季高温多雨或冬季低温寡照条件下生长弱、病害重、产量低。总的来说,番茄属喜温性蔬菜,较耐低温,但不耐炎热,月平均温度 18～25 ℃的季节里生长良好,但不同的生育段对温度的要求及反应是有差异的。在适宜的栽培条件下,番茄生长健壮,病虫害少,成花量大,花芽质量好,开花坐果率高,果实膨大快,能够充分体现番茄固有的优良特性,有利于实现番茄的优质、高效、丰产。栽培条件如果不能满足番茄正常生长所需要的环境条件,会导致番茄的商品性下降。

4. 番茄栽培区域是如何划分的? 不同区域主要的栽培模式是什么?

我国番茄栽培区域主要依据番茄能在露地正常生长的季节进行分区(表1)。

表 1　番茄栽培区域和主要栽培模式

类别	区域范围	主要栽培模式
1 季作区	黑龙江、吉林、辽宁北部、内蒙古、新疆、甘肃北部、陕西北部及青海和西藏等地	露地栽培、春早熟地膜覆盖栽培、塑料棚栽培、日光温室栽培等
2 季作区	辽宁南部、河北、河南、北京、天津、山东、山西和陕西,以及甘肃南部,江苏和安徽的淮河以北地区	露地春茬栽培、地膜覆盖栽培、露地夏秋茬栽培、塑料棚栽培、多层覆盖栽培、日光温室栽培等
3 季作区	四川、重庆、贵州、湖南、陕西的汉中盆地,江苏和安徽的淮河以南地区,浙江省、上海市及广东、广西、福建三省区的北部地区	露地春茬栽培、大棚栽培等
多季作区	广东、广西、福建三省区的南部地区及台湾、海南等地	春茬栽培、夏茬栽培、秋种冬收、冬种春收等

5. 如何安排番茄的茬口?

受原产地气候条件的影响,番茄形成了喜温、怕霜、喜光、怕热的习性,因此环境条件对番茄生产有很大影响,主要在春夏栽培。近年来随着设施农业栽培技术的发展,番茄可以根据市场需求状况及权衡生产效益,周年栽培、四季供应。

番茄的茬口安排要根据番茄的栽培方式,分为露地栽培和设施栽培。在露地栽培中,又可分为露地春番茄和露地秋番茄。春番茄需在设施内育苗,晚霜后定植于露地;秋番茄一般在夏季育苗,为减轻病毒病的发生,苗期需遮阴避雨;南方部分地区利用高山、海滨等特殊的地形、地貌进行番茄的越夏栽培;北方无霜期较短的地区,夏季温度较低,多为 1 年 1 茬。在设施栽培中,菜农应用小拱棚、塑料大棚和日光温室等多种保护设施,进行早春茬、夏茬、秋延茬、越冬茬栽培,可周年大量鲜果上市,不但增加了淡季供应量,而且显著增加了经济效益。具体根据番茄不同的栽培区域来安排茬口(表2)。

表 2　番茄的主要茬口安排

类别	主要栽培茬口	生长周期
1 季作区	露地栽培	2 月中旬播种,5 月下旬定植,7 月初至 9 月底收获;或者在 1 月中旬播种,4 月下旬定植,6 月初至 9 月底收获
	春早熟地膜覆盖栽培	播种育苗和定植时间与露地栽培基本一样,上市期提早 7 天左右

类别	主要栽培茬口	生长周期
1 季作区	塑料棚栽培	小棚春提前栽培,1 月中旬播种育苗,4 月中旬定植,6 月下旬至 9 月底收获;大棚春提前栽培,1 月上旬播种育苗,4 月初定植,6 月初至 8 月下旬收获;大棚秋延后栽培,5 月中旬播种育苗,7 月下旬定植,8～10 月收获
	日光温室栽培	越冬一大茬栽培,9 月上旬播种育苗,11 月中旬定植,翌年 1 月下旬至 6 月下旬收获;秋冬茬栽培,7 月中旬播种育苗,9 月上旬定植,11 月初至 12 月底收获;冬春茬栽培,11 月中旬播种育苗,翌年 2 月中旬定植,4 月初至 8 月中旬收获
	露地春茬栽培	1 月下旬播种育苗,4 月底或 5 月初定植,6 月上旬至 8 月底收获;或者在 1 月上旬播种育苗,4 月中旬定植,6 月上旬至 8 月上旬收获
	地膜覆盖栽培	播种育苗和定植时间与露地栽培基本一样,上市期能提早 7 天左右
	露地夏秋茬栽培	3 月底播种育苗,6 月 20 日左右定植,8 月上旬至 10 月下旬收获。可通过储藏保鲜,供应冬季市场
2 季作区	塑料棚栽培	小棚春提前栽培,12 月中旬播种育苗,翌年 4 月中旬定植,5 月底至 8 月中旬收获;大棚春提前栽培,12 月上旬播种育苗,翌年 3 月中旬定植,5 月底至 9 月下旬收获;大棚秋延后栽培,6 月下旬播种育苗,8 月上旬定植,10 月初至 11 月上旬收获
	多层覆盖栽培	通常采用多层覆盖进行秋延后番茄生产。其栽培时间为 7 月上旬播种育苗,8 月上旬定植,10 月上旬至 11 月上旬收获,如果不急于上市,可不采摘果实,而采用挂秧保鲜的方法,将收获期从 11 月中旬延长至翌年的 1 月下旬,择机上市
	日光温室栽培	越冬一大茬栽培,9 月上旬播种育苗,11 月中旬定植,翌年 1 月下旬至 6 月底收获;秋冬茬栽培,8 月初播种育苗,9 月中旬定植,10 月下旬至翌年 1 月中下旬收获,可通过储藏保鲜供应春节市场;冬春茬栽培,11 月上旬播种育苗,翌年 2 月上旬定植,3 月下旬至 8 月上旬为收获期
	露地春茬栽培	11～12 月播种育苗,翌年 4 月上中旬定植,5 月下旬至 10 月中旬收获
3 季作区	大棚栽培	大棚春提前栽培,10 月中旬播种育苗,翌年 2 月下旬或 3 月上旬定植,4 月中旬至 7 月下旬收获;大棚秋延后栽培,7 月上旬播种育苗,8 月下旬或 9 月上旬定植,11 月中旬到翌年 2 月中旬收获;大棚多层覆盖栽培,8 月中旬播种育苗,9 月下旬或 10 月上旬定植,翌年的 1 月上旬至 5 月下旬收获
	春茬栽培	10～11 月播种育苗,翌年 1～2 月定植,4 月下旬至 6 月下旬收获
	夏茬栽培	1 月上旬播种育苗,3 月中旬定植,5 月底至 9 月上旬收获;或者在 4 月下旬播种,6 月下旬定植,8 月上旬至 9 月下旬收获
多季作区	秋种冬收	于 7 月上旬播种育苗,8 月 20 日左右定植,10 月上旬至 12 月中旬收获;或者于 8 月下旬播种,10 月上旬定植,11 月中旬至翌年 1 月下旬收获
	冬种春收	在海南省的三亚、海口、文昌,广东省的湛江、茂名等地,可于 9 月上旬播种育苗,11 月上旬定植,翌年 1～4 月收获;或者在 10 月上旬播种育苗,11 月下旬定植,翌年 1 月中旬至 5 月下旬收获

6. 安全食品的概念是什么?

随着人们生活水平的不断提高,人们的食物消费结构也在发生变化,由吃饱吃好到追求无污染、优质、营养的安全食品(图1)。目前我国市场上推广的安全食品有无公害农产品、绿色食品和有机食品,这些都是经质量认证的安全农产品。无公害农产品是绿色食品和有机食品发展的基础,绿色食品和有机食品是在无公害农产品基础上的进一步提高。无公害农产品、绿色食品、有机食品都注重生产过程的管理,无公害农产品和绿色食品侧重对影响产品质量因素的控制,有机食品侧重对影响环境质量因素的控制。三者在目标定位、质量水平、运作方式、认证方法和认证机构等方面存在不同。

无公害食品是按照相应生产技术标准生产的、符合通用卫生标准并经有关部门认定的安全食品。严格来讲,无公害是食品的一种基本要求,普通食品都应达到这一要求。

绿色食品是我国农业部门推广的认证食品,分为A级和AA级两种。其中A级绿色食品生产中允许限量使用化学合成生产资料,AA级绿色食品则较为严格地要求在生产过程中不使用化学合成的肥料、农药、兽药、饲料添加剂、食品添加剂和其他有害于环境和健康的物质。从本质上讲,绿色食品是从普通食品向有机食品发展的一种过渡性产品。

有机食品是指以有机方式生产加工的、符合有关标准并通过专门认证机构认证的农副产品及其加工品,包括粮食、蔬菜、奶制品、禽畜产品、蜂蜜、水产品、调料等。

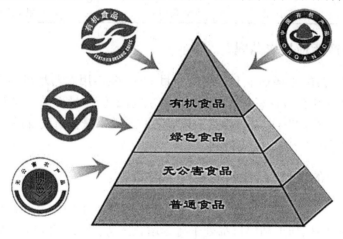

图1 食物消费结构

7. 有机番茄和绿色番茄、无公害番茄之间有何区别?

有机番茄和绿色番茄、无公害番茄的区别,见表3。有机番茄也叫生态番茄,是指来自于有机农业生产体系,根据国际有机农业的生产技术标准生产出来的,经独立的有机食品认证机构认证、允许使用有机食品标志的番茄。有机番茄在整个的生产过程中都必须按照有机农业的生产方式进行,也就是在整个生产过程中必须严格遵循有机食品的生产技术标准。绿色番茄是指遵循可持续发展的原则,在产地生态环境良好的前提下,按照特定的质量标准体系生产,并经专门机构认定,允许使用绿色食品标志的番茄。无公害番茄是按照相应生产技术标准生产的、符合通用卫生标准并经有关部门认定的安全蔬菜。无公害番茄中不含某些规定不准含有的有毒物质,而对有些不可避免的有害物质则要控制在允许的标准之内。具体讲要做到"三个不超标":一是农药残留不超标,不能含有禁用的高毒农药,其他农药残留不超过允许量;二是硝酸盐含量不超标,食用蔬菜中硝酸盐含量不超过标准允许量,一般在 432ppm 以下;三是"三废"等有害物质不超标,无公害蔬菜的"三废"和病原微生物等有害物质含量不超过规定允许量。三者的生产基地(即环境)都没有遭到破坏,水(灌溉水)、土(土壤)、气(空气)没有受到污染。其次是三者的产后(包括采收后的洗涤、整理、包装、加工、运输、储藏、销售等环节)没有受到二次污染。有机番茄在生产过程中不使用化肥、农药、植物生长调节剂等化学物质,不使用基因工程技术,同时还必须经过独立的有机食品认证机构全过程的质量控制和审查,允许使用有机肥料,主要用于基肥。不用化学农药,而用防虫网或生物农药及其他非化学手段防治病虫害。而绿色番茄不用或少用化肥、化学农药植物生长调节剂,允许使用绿色食品标志。无公害番茄是不用或少用化肥和化学农药,不限制使用植物生长调节剂,但其产品的残留量经测定在国家规定的范围内的称无公害番茄。因此,有机番茄也是绿色无公害番茄,而绿色无公害番茄就不一定是有机番茄。

表3　有机番茄、绿色番茄、无公害番茄的区别

类别	化学农药	化肥	植物生长调节剂
有机番茄	禁止使用	禁止使用	禁止使用
绿色番茄	限制使用	限制使用	限制使用
无公害番茄	限制使用	限制使用	不限制使用

8. 番茄安全生产能使用农药吗?

采用农业技术措施能够基本上达到防治目的时,能不用农药尽可能不用,必须用药时,应优先选用不产生公害且有一定防治效果的生物农药,尽量不采用或少用化学合成有残毒的农药;应用农药的时间、浓度及方法以满足防治效果最佳而残毒最小的原则制定规模,并严格按其执行。

9. 我国番茄生产的现状、存在问题及发展对策?

(1)我国番茄生产的现状　番茄产业的发展一直受到中国政府和社会的广泛关注。目前,中国番茄的种植、加工和出口都处于持续增长态势。在政府相关职能部门、行业协会和企业等多方面的努力下,通过土地集中连片、划区种植,改变经营模式,加大政策扶持,加强原料管理,无公害番茄基地项目的实施,加快了基地建设,创立了品牌效应,特别是各地政府积极推广科学、高效的番茄种植技术,为农业、农村、农户提供服务,提高生产效率和效益。番茄生产已逐步向规模化、效益化方向发展,推动了番茄生产由数量型向安全型转变,产业规模逐年扩大。20世纪80年代以前,我国番茄以春夏露地生产为主,种植的品种多为常规品种。为了满足周年供应的需要,近年来,保护地番茄栽培迅速发展起来,形成了日光温室冬春季栽培、早春塑料大棚栽培和保护地秋延后栽培等多种茬口,取得了可喜的经济效益,在番茄周年供应方面发挥了关键性的作用。

(2)我国番茄生产存在问题　目前国内番茄种植模式比较落后,土地集约化程度低,农业机械化使用较少。品种搭配不合理,栽培方式单一。品种单一而且退化严重,缺乏优良品种。频繁发生的灾害性天气如冻害、干热风和秋季持续阴雨等造成原料减产和品质

下降。栽培管理技术相对落后,连作栽培普遍,病害发生趋重。番茄生产仍为一家一户分散经营,新品种、新技术推广应用难,产品质量差异大,距离产业化经营还有很大的差距。收获过于集中,造成季节性产品局部过剩,效益起伏不稳。

(3)发展对策　①紧扣市场,加快品种更新:加速选育具有自主知识产权、满足市场需求、农民买账的"接地气品种"。摸清番茄品种结构和需求状况,严格筛选,认真示范,建立品种示范基地,推广应用品质优、口感好、产量高、抗性强的品种。②标准生产,确保质量安全:健全从菜田到餐桌的全程标准体系,深入推进番茄生产标准化整体推进示范工作,不断扩大生产种植规模,指导菜农科学合理使用农业投入品。以主产区、优势产区、蔬菜生产大县为重点,以实施"放心菜"为重点,稳步开展标准化生产示范创建活动,将相关标准和技术规范集成转化为符合当地生产实际的简明操作手册,要让菜农看得懂、好使用,提高广大生产经营者的标准化生产能力以及质量安全意识。③促进流通,完善基础设施:农产品流通基础设施建设滞后是农产品流通系统发展的重要制约瓶颈之一。规范化的现代批发市场应具有物质集散、价格生成、信息发布、标准化建设、服务引导、产品促销、产业带动等七大功能。完善市场配套设施,兴建储藏、保鲜设施。深入推进"互联网＋"现代农业行动,提高菜农营销水平和番茄流通效率。④品牌带动,提高供给质量:加大对无公害、绿色和有机番茄的产地认证、标识使用进行全面清理整顿,治理不按标准生产、冒用认证称号行为,进一步规范产地认证和上市管理。推行以龙头企业为依托,发挥专业合作社、行业协会的作用,适度规模种植,推进农业产业化。

小结:近年来番茄栽培技术不断更新,栽培面积逐年扩大,栽培品种及栽培模式进一步优化,已经实现了周年化生产,使番茄在我国蔬菜中占有非常重要的地位,对增加农民收入起到了重要的作用。通过了解番茄生产的基本知识,坚持以文化创意为先导,以开发和满足市场需求为目标,以创新创意产品为载体,利用温室、塑料大棚等保护设施进行提早、延后和遮阳等形式的栽培,人为地创造适合番茄生长的环境条件,增加淡季番茄生产的产量和品种,从而保证市场均衡供应,提高种植番茄的附加值。

二、番茄的类型及品种选择

准确选择合适的品种是番茄生产成功的先决条件。同样的地块,同样的环境,种出来的番茄却有很大差别,在生产中应如何选择优良品种、避免生产劣质番茄呢？本部分主要介绍了番茄类型和品种选择的关键因素、原则要求、质量标准、购买途径等内容,让广大种植户掌握番茄品种选择的方法。

10. 番茄分为哪些类型?

番茄栽培历史悠久,类型众多,常见的有以下几种分类类型,见表4。

表4　番茄类型

类别	类型	特点
生长习性	无限生长型	植株无限生长,一般采用单干整枝法。在条件适宜的情况下,主枝高度可达2m以上,能结果15穗以上,可以作露地栽培或保护地长季节栽培
	有限生长型	在主干生长3~5层花序时封顶,生长点变成花序,不再向上生长,依靠叶腋或花序下部抽生侧枝生长,侧枝生长1~2个花序后顶端又变成花序而封顶,如此反复,再从叶腋形成侧芽生长。因此,该类型的番茄植株较矮,大多也较早熟,一般株高1m左右,可行2~3干整枝,立较矮的简易支架,或不立支架。该类型品种宜小棚栽培或大棚双层覆盖栽培、露地简易支架密植栽培或无支架栽培
	半有限生长型	是指具有无限生长趋势的有限生长类型的品种
果实大小	大番茄	是指目前常见的果实在130~250 g或更大的品种。
	串番茄	是指类似于葡萄的一串番茄,一般为5~7个果,其中4~6个果基本上一起成熟。串番茄的果形较小,一般为100~130 g
	樱桃形番茄	果实较小,一般单果重10~20 g,大者50~60 g
果实的主要用途	鲜食	主要是适口性好,果形、颜色也好
	加工储藏	注重果肉的颜色及果肉果汁的糖酸比
其他	果实颜色	有大红、粉红、金黄、橙黄、淡黄、咖啡色等,这些都是自然界本身就存在的番茄品种
	熟性	早熟种、中熟种和晚熟种

11. 番茄品种选择的关键是什么?

番茄品种很多,要想得到高效益,就要认真挑选品种。如何选择合适的品种呢?首先要看市场需求,看什么样的品种好销,它包括番茄的形状、颜色、硬度等。其次,要选购国家科研院所、有资质的大型厂家的种子。第三,要根据不同的栽培模式来选择适宜的品种,见表5。

表5　番茄不同栽培模式对品种要求

栽培模式	品种的选择原则
地膜覆盖栽培	宜选择早熟或早中熟、抗病、耐低温和耐热、生长期较长的品种,同时考虑当地市场对番茄商品性的需求
中小拱棚春季栽培	宜选择较耐低温、抗病性强的早熟和中早熟品种,同时还要考虑产品销售市场对番茄商品性的要求
大棚春提早栽培	宜选择早熟性好,既耐低温、弱光照,又耐热、抗病性强,株型紧凑,适于密植,商品性状优,经济效益好的品种
越夏栽培	宜选择耐热的品种

栽培模式	品种的选择原则
秋延后栽培	宜选择前期耐高温,中后期耐低温,抗病性强(主要是抗病毒病)、丰产性好及耐储运的中早熟品种
日光温室越冬一大茬栽培	宜选择耐低温、耐弱光、抗病性强、中熟丰产的大果形品种
日光温室冬春茬栽培	宜选择中晚熟的大果高产品种
日光温室秋冬茬栽培	宜选择苗期耐高温、抗病毒,低温下果实发育良好的中晚熟品种
多季作区的秋种冬收与冬种春收栽培	宜选择抗寒力强、早熟性好、产量高、品质优、抗逆性能好的品种,对于南菜北运,还需要品种的耐储藏和耐运输特性优良
高山番茄栽培	宜选择耐寒、耐热、耐湿或耐旱、抗病抗逆性强,优质丰产、易坐果、连续结果能力强、采收期长、耐长途运输的中早熟品种

12. 番茄引种要遵循哪些原则？如何引种？

(1)番茄引种原则

1)相近原则 一种作物在一定的生态地区范围内,通过自然选择和人工选择,形成与该地区生态环境及生产要求相适应的品种类型,即引种要坚持原产地与引种地生态环境尽可能相近原则,在纬度和海拔相近的地区,其温度的高低和日照的长短相差不大,生态条件也相近。引种时尽可能在纬度和海拔相近的地区间进行,以增大引种成功的概率。

2)迁移原则 对原产地与引种地生态环境有差别的,但确有好品种或好资源需要引进的,就需要按照逐渐迁移种植的原则,按一定距离逐步向引种地迁徙,让其逐步适应当地生态环境,千万不能一步到位,以免引种失败。还需注意的是,应尽量选择那些对环境条件(主要是日照、温度)适应性较强的目标品种进行引进,这样成功的概率会更大一些。

3)需求原则 需求是人们在生产活动、经济活动、社会活动中的一种行为表现。这种行为驱使人们去追求和实现目标。如果当地缺少某个优质、专用的种质资源或品种,就驱使人们到外地进行引种,以满足人们的需要。

4)法制原则 《种子法》对种质资源、品种和种子管理做了具体规定。另外我国还对转基因作物种子、植物新品种保护都做了明文规定。所以,引种一定要在法律、法规允许的范围内进行。

(2)番茄引种方法

1)制定番茄引种目标 引进番茄品种外观性状应与当地消费习惯具有一致性。各地对番茄产品的形状、颜色有传统的习惯性要求,所引进的品种其外观特征应符合当地的消费习惯。根据番茄引种的原则和当地生态条件,要确定番茄引种的方向和地区,要尽可能地收集较多的基因型不同的番茄品种,以弥补当地番茄资源和番茄品种的不足。

2)从正规渠道引进已审定检疫的品种 为防止危害植物的危险性病、虫、杂草传播蔓延,确保农业生产安全,引种驯化必须遵照国家《植物检疫条例》的有关规定,严格检疫。如果原产地有检疫对象,即使番茄品种再好,引种地缺乏这种番茄种质资源,也不能盲目引进驯化,以免危险性病、虫、杂草被引进当地,造成危害。要从信誉好的正规种企业和科研单位引进已审定检疫的品种,种子有规范化的包装,有切合实际的品种特征特性和栽培要点的说明。

3）引进番茄品种试种 对引进的番茄种质资源或品种,先在小面积上进行试种观察,选择当地生态条件比较适应的,并且表现优异的番茄材料或品种,进行番茄品种比较试验、多点试验、区域试验、生产试验,以进一步选择具有应用价值的番茄品种。由于年度间气候有差异,最好将引进的品种进行2年以上的栽培试验,以正确判断该品种对本地气候的适应性和市场销售的可行性,然后再逐步示范推广。

13. 国家是否规定了番茄种子的质量标准? 质量标准是什么?

番茄种子质量标准一直都是强制执行的,国家2011年发布了新的"农作物种子质量标准",细化了很多农作物,其中对番茄种子的水分、发芽率、纯度、净度都做了严格的标准规定,见表6,从2012年1月1日起实施。

表6 国家规定的番茄种子质量标准（GB 16715.3—2010,茄果类）

作物种类	种子类别	品种纯度（%）不低于	净度（%）不低于	发芽率（%）不低于	水分（%）不高于
番茄	常规种 原种	99.0	98.0	85	7.0
	常规种 大田用种	95.0			
	亲本 原种	99.9	98.0	85	7.0
	亲本 大田用种	99.0			
	杂交种 大田用种	96.0	98.0	85	7.0

14. 如何能够购买到适合本地区种植的优良番茄种子?

(1)选择适合本地种植的品种 农民在购买种子前最好到当地农业部门,如乡镇农业综合服务站进行咨询,告知自己种植意向,了解适合本地种植的优良品种。

(2)到合法的种子经营单位购买种子 选择到经营信誉好、具有赔偿能力的经营店去购买种子。一般说"三证一照"俱全的单位销售的种子质量可靠些。所谓"三证一照"就是指种子部门发的"生产许可证""种子合格证""种子经营许可证"及工商行政部门发的"营业执照",当你具体查看"三证一照"时,还得注意发证时间、法人代表是否一致等,不可贪图便宜到无证照的非法种子经营单位。

(3)要购买包装标签齐全的种子 标签应当标注作物种类,种子类别(常规种、杂类种),品种名称、产地、质量指标、净含量、生产日期、生产商名称、生产商地址以及联系方式等,同时还要标注经营许可证编号和检疫证明编号。

(4)购买种子时索要发票并妥善保管 也就是说,在购买种子时,农民朋友一定别忘了索取购种发票。发票上要让经营者清楚地写明所购种子的品种名称、数量、价格等,同时要向经营者索要载有种子的主要性状、主要栽培措施、使用条件的说明书(这些材料也可以印制在包装、标签上)。种子播种后一定要保管好包装袋、标签、品种说明书和发票等。如果购种量大,如种植大户最好与种子经销商共同封存一部分样品,一直到作物的收获,以备出问题时进行鉴定。

(5)简单识别方法 可通过自己的眼和手进行一些简单的辨别,看种子的籽粒饱满度、均匀度、杂质和不完整籽粒的多少,色泽是否正常,有无虫害、菌斑或霉变等情况。用鼻子判断有无霉烂、变质及异味。如发过芽的种子带有甜味,发过霉的种子带有酸味或酒味。尽量不要购买散装种子,避免过期种子。

15. 如何选择番茄种子?

(1)根据生长季节、栽培方式、市场需求选择 优良的番茄品种应具有抗病、丰产、优质等特点。同时还要检查种子的成熟度、饱满度、机械损伤度、发芽率及发芽势等项指标。合格的番茄种子其净度应高于98%,种子色泽纯正、无霉变,纯度高于95%,发芽率高于88%,水分含量低于8%,为此选购种子应到信誉较高的科研单位或种子部门购种,严防购得假冒伪劣种子造成经济损失。

(2)根据种子千粒重 选择种子千粒重是种子饱满度的主要标志,若千粒重低于下限数字则不宜在生产上使用。一般大果型番茄种子的千粒重在3.2 g左右。

(3)根据生产利用年限选择 为了提高番茄种子在生产利用的年限,应在种子储藏过程中,尽量创造良好的条件,延长种子寿命。种子储藏时,要使种子充分干燥,储藏库的空气相对湿度尽量降低,温度一般在5 ℃以下。一般番茄种子的寿命3 ~ 6 年,在生产上利用年限2 ~ 3 年。

16. 如何测定番茄种子的发芽率和发芽指数?

发芽率是指样本种子中可发芽种子的百分数。番茄种子的发芽率要求达到85%以上。番茄发芽率和发芽指数的测定:取100 粒,分别浸种4 ~ 24 h,放在20 ~ 25 ℃下催芽,每天记录发芽的种子粒数。按下述方法计算种子的发芽率和发芽指数:

发芽率(%) = 发芽种子的粒数/供试种子的粒数 × 100。

发芽指数(GI) = $\sum \dfrac{Gt}{Dt}$(t 日的发芽数/发芽天数)。

Gt 为发芽试验终期内每日发芽数。

Dt 为发芽日数,$\sum$ 为总和。

小结:番茄在我国栽培广泛,有多种栽培模式,各地在长期栽培中选育、引进了很多优良品种,形成了适合当地栽培的地方品种优势。特别是在设施栽培上,一定要选用适合当地栽培条件的品种,同样的品种在不同的环境条件下栽培表现是有差异的,不同的品种对环境的适应性是不一样的,因此品种间表现出不同的特征特性,比如耐寒性、耐热性、耐肥性、耐弱光性、耐旱性、抗病性等多种性状。这就要求在生产实际中首先要了解要栽培品种的特征特性,然后根据当地气候条件及栽培习惯合理安排,科学管理,使品种发挥最大效益。

三、番茄育苗设施和育苗技术

育苗是番茄生产过程中必不可少的一环,育苗质量的好坏直接影响到番茄的品质和产量。本部分内容主要介绍了番茄的育苗设施、育苗容器、育苗方式、播种方法、嫁接技术及苗期易出现的问题和防治方法,让广大种植户掌握基本的番茄育苗技术。

17. 为什么要进行番茄育苗？番茄育苗有哪些优势？

番茄种子的发芽期较长，且种子较小、播种较浅，如果进行直播栽培，极容易在出苗前发生干旱，造成出苗不整齐。另外，番茄幼苗的生长比较缓慢，苗期比较长，一般冬春季育苗需要60~70 d，即使夏秋季育苗也需要25~40 d。如果不进行育苗栽培，往往会由于大田环境难以像育苗床一样得到有效的控制，差异较大，而导致整个大田的番茄苗在大小和健壮程度等方面差异明显，出现苗子生长不整齐现象。因此，不管是低温期还是高温期栽培番茄均要求进行育苗，确保苗全和苗齐。番茄育苗的优势在于：

（1）提高土地利用率 番茄在苗期生长速度较慢，从播种到植株开花需要的时间较长。通过育苗，可以使番茄漫长的苗期在面积较小的苗床中度过，进而可以腾出大量土地供其他作物生产应用，能提高土地利用率。

（2）利于培育壮苗 番茄在苗期开展度较小，进行育苗不仅可以减少占地面积，更重要的是在面积较小的苗床上，便于对幼苗集中进行温度、湿度、防病、治虫、除草等操作管理，利于幼苗在适宜的环境条件下生长发育成健壮的幼苗。

（3）提高种植效益 育苗一般是在外界环境条件不适宜番茄生长的季节中进行，而后在环境条件适宜时定植田间，这样可以使产品提早成熟，提前上市，延长生长季节，增加总产量，进而达到提高经济效益的目的。

（4）节省种子 育苗在适宜环境条件下进行，种子出苗快、出苗整齐、出苗率高，相对田间直播而言，可大大节省种子用量。

18. 番茄育苗设施都有哪些？各有什么特点？

番茄育苗目前常用的保护设施有阳畦、温床、日光温室、塑料拱棚等。各育苗方式的应用情况如下：

（1）阳畦育苗 阳畦育苗也叫冷床育苗，是利用太阳能来提高床温的一种保护地育苗方式，由土框、透明覆盖物薄膜或玻璃、草帘等组成。这种育苗方法的优点是保温性能强，利用白天积聚的太阳能和夜间的覆盖物保温，使冷床的温度基本上能够满足幼苗生长发育的需要。

（2）温床育苗 是在冷床的基础上，利用床底铺设酿热物作为人工补充热源或利用电热线加温来提高苗床温度。温床根据加热方式又分为酿热、火热、水热和电热等4种。目前最常用的是电热。温床的主要优点是土壤温度能满足番茄生长发育的需要，设备简单，使用方便，可以提高幼苗质量，缩短育苗时间。

（3）日光温室育苗 温室的保温效果好，冬季温室内的温度较高，易于培育出适龄壮苗，是低温期主要的育苗方式（图2）。主要用来培育番茄早春塑料大棚、日光温室栽培育苗。温室育苗的主要缺点是投资较大，育苗的成本比较高。目前大多是结合温室生产，在生产用温室内进行育苗，以降低育苗费用。日光温室再增加加温设备其效能就更为理想。

（4）塑料拱棚育苗 塑料拱棚，即是保护地蔬菜栽培场所，又是理想的育苗设施。塑料薄膜由于能透过紫外光，昼夜温差较大，对培育壮苗有利，可防止幼苗徒长。一般用塑料拱棚育苗时，最好用中小棚，因为夜间可用草帘覆盖保温。

图2　日光温室番茄育苗

（5）露地育苗　育苗地一般选择2～3年未栽培过茄科蔬菜的地块,施肥、整地、耙平,做成平畦或高畦。播种后不用覆盖物或搭小棚遮阳防雨,出苗后只间苗,不分苗。有时可直接播种到营养钵里进行直播育苗。

19. 番茄育苗容器有哪些?

目前生产上常用的育苗容器有:塑料钵、纸钵、草钵、泥钵、营养土方、塑料袋、穴盘等,生产中可以根据自身的资源优势和经济状况合理选择应用,见图3。番茄在苗床上生长时,地下的根系吸收表面积超过地上叶子的蒸腾表面积达10倍以上,一旦起苗定植,幼苗根系90%的吸收表面积将损失掉,这样地上与地下的表面比急剧下降,造成水分供应失调,轻则致使苗子定植以后缓苗困难,重则致使苗子死亡。因此,番茄在育苗的过程中,最好是选择适宜的容器进行护根育苗。

图3　营养钵育苗

20. 番茄育苗基质和穴盘该如何选择与处理?

（1）基质处理　可以直接购买正规厂家生产的番茄专用育苗基质,也可以自己配置育苗基质,番茄常用的育苗基质有草炭、蛭石、珍珠岩、牛粪等,见图4。配方为:草炭:珍珠岩（粒径3mm）:蛭石=6:3:1或草炭:牛粪:蛭石=1:1:1。先将草炭过筛,再将三者按以上比例混合均匀,每立方米基质加1～1.5 kg氮、磷、钾含量均为15%三元复合肥,同时喷施

50%多菌灵可湿性粉剂500倍液,进行基质灭菌消毒,然后将配好的基质用塑料薄膜密封1周后使用。

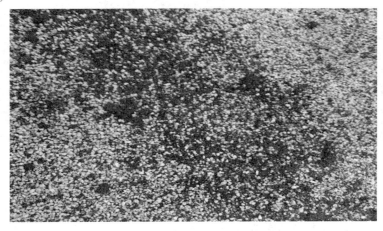

图4 基质处理

(2)穴盘选择与装盘 番茄育苗一般采用54孔或72孔穴盘,穴盘规格560 mm×330 mm×5.5 mm。装盘用的基质含水量以手握成团、落地即散为宜。装盘时,以基质恰好填满育苗盘的孔穴为宜,基质要疏松,不能压实,亦不能中空。穴盘育苗,见图5。

图5 穴盘育苗

21. 番茄育苗中营养土该如何配制和处理?

(1)营养土的配制 营养土最好用肥沃的大田土,不用菜园土调制,以避免重茬和将病原物、虫源带入苗床。使用充分腐熟的圈肥、马粪,或沤制好的堆肥、用过的温床酿热物等,有条件的可以使用草炭土。以上述材料为主体,再配合一定数量的经过腐熟的大粪干、鸡粪,以及过磷酸钙、草木灰等。土质过于黏重或有机质含量极低时(不足1.5%),应掺入有机堆肥、锯末等;土质过于疏松的,可增加牛粪或黏土;盐碱地要更换土壤,保持床土微酸或中性。营养土中切忌施用未经腐熟的生粪、饼肥,也不要施用硫酸铵或碳酸氢铵等化学肥料。不管采用什么配方,番茄育苗床土,特别是保护地育苗床土的全氮含量应在

0.8%~1.2%,速效氮含量应达到100~150 mg/kg,速效磷含量应高于200 mg/kg,速效钾含量应高于100 mg/kg。在速效氮、速效磷含量低于50 mg/kg的情况下,每立方米苗床上可加尿素0.25 kg,过磷酸钙2~2.5 kg。床土总隙度应在60%左右,其中大孔隙度应在15%~20%,小孔隙度应在35%~40%。床土适宜容重为0.6~1.0,床土适宜pH为6~7。营养土调制后即可填入床内,或装入营养钵内,待播种。

(2)营养土的处理

1)福尔马林消毒　播种前20 d,用福尔马林200~300 ml加水25~30 kg,消毒床土1 000 kg。在营养土配制时边喷边进行混合,充分混匀后盖上塑料薄膜,堆闷7 d,然后揭去覆盖物,晾2周左右,待土中福尔马林气体散尽后即可使用。为加快气体散发,可将土耙松。如药味没有散完,可能会发生药害,不能使用。此法可消灭猝倒病、立枯病和菌核病病菌。

2)高温消毒　夏秋高温季节,把配制好的营养土放在密闭的大棚或温室中摊开(厚度一般在10 cm左右较适宜),接受太阳光的暴晒,使棚室内土壤温度达到60 ℃,连续7~10 d,可消灭营养土中的猝倒病、立枯病、黄萎病等大部分病原菌。

3)化学药剂喷洒床面消毒　用50%多菌灵可湿性粉剂或70%苯来特可湿性粉剂4~5 g,先加水溶解,而后喷洒到1 m² 大小及厚7~10 cm的床土上,拌和均匀。加水量依床土湿润情况而定,以充分发挥药效。在实际操作时,最好是多种消毒方法结合使用,以达到最佳的消毒效果。

22. 如何选择番茄育苗方式和育苗床?

(1)番茄育苗方式的选择　首先要根据育苗季节来选择育苗方式,一般冬季育苗应选择温室或电热温床育苗;早春育苗可选冷床或小拱棚加盖草帘育苗;高温期育苗应选择遮阴棚育苗,见图6。其次要根据当地的育苗条件和生产条件来选择育苗方式,一般温室蔬菜生产发展较好的地方,应充分利用温室的有利条件培育番茄苗;温室蔬菜生产发展较差的地方,可根据番茄的生产方式及当地的生产条件,结合育苗季节来选择相应的育苗方式。最后要多种育苗方式相结合,降低育苗成本用温室育苗时,为减少育苗用地,可先在温室内密集培育2~3叶的小苗,再移到塑料棚或冷床内培育成栽培苗;也可先在温床内培育小苗,2~3叶后,再移植到塑料棚或冷床内育成大苗。

图6　遮阴棚育苗

17

（2）番茄育苗床的选择 应考虑以下要求:育苗床要建在光照充足、不易积水并且地下水位较低、易于通风管理的地方。育苗床的宽度要适宜,一般以 1.2～1.5 m 为宜。苗床过宽不方便畦面管理,也不利于畦面的通风;苗床过窄,苗床占地较多,管理较为费工。育苗床要靠近栽培田,以方便秧苗的运输,减轻运输过程中的失水萎蔫、叶片风干以及伤根等。有条件的可以选择在育苗架(图 7)上进行育苗。

图 7 育苗架

23. 番茄播种前如何进行种子的处理?

选择优质的番茄种子,在播种前进行一定方式的处理,可以提高发芽率,缩短出苗时间,减少病虫害的发生,进而培育出健壮的秧苗。种子处理包括选种、晒种、种子消毒、浸种、催芽等,简单说播种前选择晴天将种子晒 1～2 d,浸种 5～6 h 后,再放到 55 ℃温水中烫种 15 min 左右,烫种时要不断搅拌,期间要不断加温水保持 55 ℃水温,待水温降到常温后用清水洗净种皮上的黏液,然后将种子放在 25～30 ℃条件下催芽,催芽时每天用清水冲洗一次,约 3 d 即可出芽,芽长 0.5 cm 时播种。

24. 番茄播种方法有哪些? 各有什么优势?

常用的播种方法有 2 种,一种为撒播法,一种为点播法。

（1）撒播法 番茄在生产中一般不采用撒播法进行播种。但在嫁接育苗时,却是常用之法。播种前,先在浇过水的苗床上撒一层干的拌过药的营养土,而后把经过催芽的种子均匀地撒播在苗床上,为使种子撒播均匀,最好是把种子与经过杀菌消毒的适量细沙混合后撒播(图 8)。播种后,及时均匀地覆盖 0.5～1 cm 厚的营养土,而后在上面盖上一层地膜,可起到保温、保湿、防鼠害的作用。撒播法简单方便,但需要的种子量较大,同时要及时进行分苗,以促进幼苗健壮生长。

图8　番茄种子撒播

（2）点播法　采用营养钵、营养土方或穴盘进行育苗的要进行逐钵（块）摆播，播种之前，同样要在苗床表面撒一层干的拌过药的营养土，而后把催过芽的番茄种子，按每穴 1～2 粒（已出芽）或 3～5 粒（干子）摆入钵（穴）中，种子要分开，播种后覆土，厚度 0.5～1 cm（图9）。点播法比较费工，但是，节省用种，后期管理也方便。冬春低温季节的播种时间掌握在晴天的 9～10 时，阴天一般不播种。夏秋季节的播种时间掌握在晴天的 17 时以后或阴天。

图9　番茄种子点播

25. 番茄冬春季节育苗该怎样利用辅助增温设备？

番茄冬春季节育苗要提高苗床温度，辅助以电热、酿热、火炕温床等方式增温。

（1）电热温床　目前所用的电热温床，主要有两种形式：一是在原有阳畦的基础上，于畦内埋设电热线，成为电热温床。二是在塑料大棚内做育苗畦，并埋设电热线，成为棚内电热温床畦。电热加温和酿热温床、火炕温床相比，床温升高快，且温度高低易于控制。

因此,此法使用方便,育苗的成功率高,秧苗素质好。缺点是设备投资大,耗电量也较大。

(2)酿热温床 利用厩肥、垃圾、秸秆等有机酿热物发酵分解所散发出的热量,来提高苗床的温度。酿热温床仅在一定时间内维持较高的床温。

(3)火炕温床 利用燃料燃烧产生的高温火焰和烟气通过火炕或烟道直接加热育苗畦以保证育苗所需温度。这种温床的温度一般比酿热温床高,易于人为调控。

番茄冬春季节育苗还可利用暖气加温、暖风加温、太阳能增温等辅助增温。

26. 番茄苗期该如何进行温度管理?

管理的原则要掌握好"三高三低":即白天温度要高,夜间温度要低;晴天温度要高,阴雨天温度要低;出苗前、移苗后温度要高,出苗后、分苗前温度要低。

(1)气温管理 当50%种子出苗时,及时撤掉地膜,苗出齐后,白天维持在20~25 ℃、夜间12~15 ℃。这一时期采用低温锻炼秧苗,可抑制幼苗徒长,防止出现高脚苗,提高抗寒能力。苗子出土至子叶平展期间,生长的重心是下胚轴的伸长,如果控制不好,会造成下胚轴徒长,形成高脚苗。要及时通风降温,以控制下胚轴的伸长,促进子叶肥大厚实。此阶段温度以白天保持在15~20 ℃,夜间以12~15 ℃为宜。如此进行温度管理,不但可以育出下胚轴较短的壮苗,而且可以防止苗期猝倒病发生。

(2)地温管理 保持适当的地温是培育壮苗的一个重要环节,生产中地温管理应和气温管理相配合,一般情况下,白天地温比气温稍低,保持18~22 ℃,夜间地温则比气温稍高些,保持在14~16 ℃,以促进根系的发育,有利于培育壮苗。

27. 番茄苗期该如何进行水肥管理?

(1)水分管理 番茄生长发育速度比较快,容易徒长。因此,要注意水分调节,以控水为主,促控结合,浇水量要小,浇水次数要少。在播种前苗床浇透水的前提下,苗期一般不再浇水。如果苗床土壤过于干燥,可用喷壶喷洒适量温水,千万不要大水漫灌或喷洒冷水,以防激苗,影响幼苗生长。

(2)肥料管理 营养土较肥沃,足以满足幼苗生长发育对养分的需要,一般苗期不再施肥。如果发现苗子有长势弱,叶片发黄等缺肥症状时,要及时进行叶面施肥。方法为:用0.3%磷酸二氢钾+0.2%尿素水溶液,直接喷洒在幼苗的叶片上。注意要喷洒均匀,叶片正反面均喷到,以促进叶片对养分的吸收。

28. 番茄苗期该如何进行光照管理?

番茄早熟栽培的育苗期正处在低温、弱光、短日照季节。光照不足是培育壮苗的限制因素。在光照充足的条件下,幼苗生长健壮,茎粗节短,叶片厚,叶色深,有光泽。而在弱光下生长的幼苗,常常是瘦弱徒长的幼苗。要改善光照条件,就要尽量地增加光照强度,并延长光照时间。首先,要选用无滴膜覆盖,保持透明覆盖物干洁,增加透光率。其次,草帘尽量早揭晚盖,日照时数控制在8 h左右。阴天也要正常揭盖草帘,尽量增加光线的入射量。另外,在育苗床的北侧垂直张挂反光幕,利用其对光的反射将射入温室的太阳光反射到苗床或栽培床上,增加北侧床面的光照强度。

29. 番茄苗期该如何进行气体管理?

(1)施用二氧化碳 科学研究发现,任何绿色植物都是通过光合作用生产有机物质的,光合作用的主要原料是水和二氧化碳,二者缺一不可。番茄幼苗从子叶展开就开始从空气中吸收二氧化碳,进行光合作用,随着幼苗的生长,需要的二氧化碳的量逐渐增加。露地栽培时,二氧化碳由空气供给,可以随时得到补充。而设施作为一个特殊的空间,生态环境是密闭的,设施内外空气流通受到了严格的限制,设施内二氧化碳消耗后得不到及时的补充。二氧化碳一旦缺少,光合作用就会因缺少原料而受到抑制。所以必须采用人工措施补充二氧化碳,满足作物光合作用的需求。另一方面是二氧化碳浓度分布的不均匀性,以塑料大棚为例,其横断面的中部与边区的二氧化碳浓度分布不均匀,使大棚中部作物光合强度与边区的差异大,造成大棚中部为高产区,边区为低产区。所以,设施生产番茄,特别是温室栽培必须增施二氧化碳气体肥料。众多的实践验证,设施内增施二氧化碳,可以显著促进作物的光合作用,增产30% ~ 40%。

设施内施用二氧化碳的时间要根据设施内作物开始光合活动时的光照强度确定,一般当光照强度达到2 000 lx时,光和强度增大,设施内二氧化碳浓度下降,这时为施用二氧化碳的时间。晴天在揭苫后30 min停止使用。如果设施内施用了大量的有机肥料,因肥料分解土壤中释放二氧化碳较多,可推迟1 h施用。停止施用二氧化碳的时间依据温度管理而定,一般在换气前停止使用。对于番茄而言,以前期施用二氧化碳效果较好,在育苗期,因苗子集中,面积小,施用二氧化碳设施简单,对培育壮苗、缩短苗龄等都有良好的效果。

(2)防止设施内产生有害气体 设施内苗床施用的有机肥料要经过充分腐熟,避免未腐熟肥料在发酵、分解过程中产生氨气、二氧化氮等有害气体。在寒冷季节,苗床需要追肥时因设施内通气量小,不要使用碳酸氢铵等易挥发的肥料,尿素要深埋,不能撒施,防氨气中毒。

(3)防止根部缺氧 苗子进行呼吸作用需要从空气中吸收氧气,地下部分也需要氧气。一般情况下,空气中的氧气是不会缺乏的,但是地下部分是从土壤中吸收氧气,所以,在根的周围,要求土壤有良好的通气性。如果土壤长期处于板结状态和含水较多的情况下,可能会导致根部缺氧,影响幼苗的生长发育,甚至死亡。

30. 番茄苗期怎样进行通风管理

通风是降低苗床温度和湿度的重要措施,也是控制番茄幼苗徒长的有效措施之一。当番茄苗快要出齐时,开始通风。通风量先小后大,并且一定要先通顶风。随着苗床内温度不断升高,适当进行中下位通风,并逐渐增大通风量。下午当温度下降到20 ℃以下时,关闭通风口。定植前1周,加大通风量,并且夜间也要适当通风,使番茄苗能尽快适应定植后的环境条件。

31. 番茄苗期要注意哪些病虫害?

在番茄苗期,病虫害严重地影响着番茄出苗或小苗的正常生长,如猝倒病、炭疽病、灰霉病、晚疫病等;也有一些病害,是通过种子传播的,如菌核病、枯萎病、早疫病等;另外,病毒病也可以在苗期发生,有时也有一些地下害虫危害。因此,苗期是防治病虫害、培育壮苗、保证番茄生长的一个重要时期,生产上经常需要使用多种杀菌剂、杀虫剂、植物激素等。苗期重点防治猝倒病、立枯病,预防病害选用嘧菌酯、百菌清;治疗猝倒病使用普力克,治疗立枯病选用噁霉灵。苗床消毒要到位,高温季节育苗加盖防虫网,以防蚜虫、白粉虱的侵入危害。

32. 番茄壮苗的标准是什么?

达到番茄壮苗的适宜生理苗龄是6~8片真叶,达到这一适宜生理苗龄需要的日历苗龄,因育苗方式、育苗季节不同而有所差异。衡量适龄壮苗的标准可分为外部形态标准和生理生化标准。

(1)外部形态标准 番茄适龄壮苗(图10)形态特征是秧苗健壮,株顶平而不突出,高度15~20 cm;叶色偏深绿,茎粗壮,0.5~0.8 cm;节间短;茎、叶茸毛多;第一花序现蕾但未开放;根系发达,侧根数量多,呈白色;植株无病虫害,无机械损伤。

(2)生理生化标准 光合能力强,这是反映秧苗的一项重要生理指标。根系活性大,首先是根系体积大,可更多地吸收水肥;其次是根系吸收水肥的活跃程度高。叶绿素含量高,表明叶片中含有的叶绿素密度大,潜在的光合作用强。碳氮比适宜,秧苗生长健壮,能较早开花结果。秧苗生理生化性状直接影响到秧苗的生长发育,具体表现在定植后的缓苗速度,植株抗逆性程度及其最后蔬菜产量的高低等方面。达到以上标准的苗子对栽培环境的适应性和抗逆性强,定植后缓苗快,开花早,结果多。

图10 番茄壮苗

33. 造成番茄种子发芽率低的因素有哪些?

(1)种子质量差 一般陈种子、发霉或受潮种子比正常种子发芽出苗时间长。种子购回后应及时做好发芽率试验,杜绝用不合格的种子育苗。

(2)床土水分不足 底水不足。特别在高温期播种,如果播种前浇水不足,种子会因供水不足出苗缓慢;床土过干,种子得不到充足的水分,发芽中途停止。这种情况可通过及时浇水来补救。

(3)床土氧气不足 床土过湿而致氧气不足,长时间如此会使种子腐烂。出现这种情况,应检查苗床四周是否排水通畅,棚内通风降湿,或撒干燥无毒细土吸湿。

(4)苗床温度偏低　当苗床温度低于 15 ℃时,种子出苗缓慢,出苗期延长;温度低于 10 ℃时番茄种子几乎停止发芽。应采用苗床增温措施,提高地温,使土壤温度达到番茄种子正常发芽的适宜温度 20 ~ 30 ℃。其他的查明原因,对症解决。

(5)播种太浅或太深　番茄种子的适宜覆土厚度为 0.5 ~ 1 cm,覆土层少于 0.5 cm 时,种子易落干,种芽因吸水不足而延缓出苗。播种过深时,因番茄种子较小,种芽顶土力较弱,而出土所需时间相对加长。

(6)畦面板结　播种后防雨措施不当,苗床进水导致畦面板结,阻碍了土壤内外的空气流通,一方面引起土壤氧气不足,种子发芽和幼根生长过程中的呼吸作用不畅,导致种胚生长缓慢,延迟发芽;另一方面表土变硬,番茄种子顶土阻力增大,幼苗被板结层压住,不能顺利钻出土面,出苗时间相对延长。在配制育苗营养土时,应根据土壤质地情况,可添入足量腐熟的牛粪等能明显使土质疏松的有机肥,或增加腐殖质含量高的有机肥比例,可有效防止土壤板结。

34. 番茄出苗不齐的原因是什么?

(1)新、陈种子混播　陈种子的发芽力较新种子弱,出苗晚。如果新、陈种子混播,就会出现出苗不整齐的现象。

(2)播种深浅不一致　播种浅的种子往往先出苗,播种深的种子则出苗较晚。播种深浅差异越大,种子出苗时间差异也越大。

(3)苗畦内环境不一致　因浇水、保温等原因造成苗畦内土壤湿度不均,温度不一致。温度较高,湿度适宜的地方,种子出苗比较快,出苗早;而温度偏低、水分不足的地方则出苗较慢。

(4)种子成熟度不一致　充分成熟的种子发芽力较强,出苗快,出苗早;而未充分成熟的种子则发芽力弱,出苗慢,出苗所需时间长。

35. 什么叫子叶"戴帽"出土? 什么原因造成的? 怎样预防?

(1)"戴帽"出土　番茄苗带着种皮出土叫子叶"戴帽"出土,表现为子叶被种皮夹住,难以伸展,严重妨碍光合作用,影响番茄苗正常生长。

(2)原因　床土湿度不够或播种后覆土太薄。成熟度差的种子发芽势弱,也是造成戴帽的原因之一。

(3)预防办法　播种时要灌足底水,保持床土湿润。播种后覆土厚度以 1 cm 为宜,覆土要均匀,覆土后及时盖膜。幼苗顶土并即将钻出地面时,如果晴天,可在中午前后喷一些水,若遇阴雨,可在床面撒一层湿润细土。要选择健壮饱满的种子。

36. 发现"戴帽"现象怎样处理?

发现"戴帽"现象(种皮无法脱落),要及时进行摘帽处理,如果不及时摘帽,会造成幼苗子叶无法展开,影响生长发育。摘帽的方法是:先用水把种皮打湿(不可干摘,以免伤害幼苗),而后用手把种皮摘去即可。

37. 番茄育苗过程中为什么会发生沤根,怎样预防?

(1)沤根原因　在育苗技术不成熟、气候条件不良时容易发生。发生沤根的幼苗,根部不发生新根,原有根皮发黄,逐渐变成锈色而腐烂。沤根初期,幼苗叶片变薄,阳光照射后随着温度的升高,蒸发量的增加,萎蔫程度逐渐加重,很容易拔掉。

(2)预防办法　主要应从苗床管理上着手,首先选择地势高燥、排水良好、背风向阳的地段作育苗床地。床土中增施有机肥料,提高磷肥比例。出苗后既要注意在连续阴雨天气搞好通风换气,撒草木灰降低床内湿度,用双层塑料膜覆盖,夜间加盖草苫保温。在条件许可的地方,还可采用电热线加温育苗,或喷施土壤增温剂,提高床温,加速根系发育,促进幼苗健壮生长。

38. 番茄育苗过程中为什么会发生烧根,怎样预防?

(1)烧根原因　多发生在幼苗出土期和出土后的一段时间。发生原因,既与床土肥料的种类、性质、多少有关,也与床土水分和播种后覆土厚度有关。苗床培养土中如果施肥过多,尤其是氮肥过多,肥料浓度很高,幼苗根系发育不良,就会产生一种生理干旱性烧根现象。床土中若施用未腐熟的有机肥料,经过浇水和覆盖塑料薄膜以后,地温显著增高,促进有机肥料的发酵腐熟,在发酵腐熟过程中,产生大量的热量,使根际地温剧增,导致烧根。如若床土施肥不均,床面整理不平,浇水不匀,或用灰粪覆盖种子,使床土极度碱化,也会造成烧根。另外,播种后覆土太薄,种子发芽生根之后,床内温度高,表土干燥,也易形成烧根(图11)或烧芽。

图 11　番茄烧根

(2)预防办法　苗床施用充分腐熟的有机肥,氮肥施用不能过量,草木灰适当少施,施入床内后要同床土拌和均匀,整平畦面,使床土虚实一致,灌足底水。播种后保证覆土厚度适宜,从而消除烧根的土壤因素。出苗后若发生烧根现象,要选择晴天中午及时浇灌清水,稀释土壤溶液,随后覆盖细土,封闭苗床,中午实行苗床遮阳,促使发生新根。

39. 什么叫徒长苗？怎样预防？

（1）徒长苗 是苗期常见的生长发育失常现象。徒长苗的形态特征是幼苗节间拉长，棱条变得不明显，茎色黄绿，叶片质地松软，叶片变薄，色泽黄绿，根系细弱。定植到大田后缓苗慢，最终导致减产。

（2）预防办法 依据幼苗各个生育阶段要求的适宜温度及时做好通风工作，尤其是晴天中午更要注意。苗床温度过高时，除加强通风排湿外，在育苗初期可采取撒细干土的措施。及时做好间苗定苗工作，避免幼苗拥挤。在光照不足的情况下，应适当延长揭膜见光时间。如有徒长现象，可用烯效唑200倍液进行叶面喷雾，一般苗期喷雾2次即可有效防止。

40. 什么叫僵化苗？怎样预防？

（1）僵化苗 又叫小老苗，是苗床土壤管理不良和苗床结构不合理造成的一种生理病害。幼苗生长发育很慢，苗株瘦弱，叶片黄小，茎细硬，并显紫色，虽然苗龄不大，但看起来好像发老的苗子一样，故又叫"小老苗"。

（2）预防办法 首先选择保水保肥力好的壤质土作为育苗场地。在配制床土时，既要施足腐熟的有机肥料，还要施足幼苗发育所需的氮、磷营养，尤其是氮素肥料更为重要。其次应当灌足底水，及时灌好苗期水，使床内土壤水分保持适宜幼苗生长的状态。

41. 畸形苗与番茄安全高效生产的关系？有什么症状以及防治方法？

番茄喜温、喜光、耐肥、不耐旱，如果育苗期间外部生长环境控制不好极易产生畸形苗，定植后植株产生畸形，严重影响番茄的产量和质量，导致商品性降低。因此，预防和防治畸形苗的产生对番茄安全高效生产具有重要意义。番茄畸形苗主要表现有：

（1）红叶苗 症状就是新叶及根部呈现暗紫红色，如不尽快矫治，将影响生产，严重的产生僵苗。原因是育苗期长期低温，使光合产物运不到新叶与根部，呈暗紫红色。防治措施是在夜间保温或调整育苗钵的位置。

（2）露骨苗 症状是茎节处较粗，节间处茎较细，严重的会形成僵苗。原因主要是水肥不足，节间生长缓慢。防治方法是施用速效肥，以氮为主，磷、钾肥合施，可辅以叶面喷水。

（3）露花苗 症状是叶片小，第一至第二花序开花时，叶片遮盖不住，多发生于早熟品种。原因是早期用激素处理过早。由于营养体过小，结果负担过重，生殖生长点占优势，营养物质集中输送到幼果中，新叶形成缺乏必要的物质，使主茎顶端生长停滞，出现开花到顶现象。防治措施是果断疏果，施用水肥促进营养生长。如果辅以薄膜拱棚覆盖、地膜覆盖提高地温和气温更好。

42. 如何降低育苗成本？

一要选择优质的番茄种子，提高发芽率。二要适量播种。这样不仅可以减少种子用量，还可以节省土地，便于管理，降低成本。三要采用先进适宜的育苗方式。如大棚漂浮育苗是在人工控制温、光、水、气、肥的大棚内修建育苗池，配置营养液，利用专用的塑料泡沫育苗盘进行营养机质育苗。其根系发达,不带杂草,移栽时只要浇定根水,成活率达100%,从而解决了菜农低温下育苗不易控制、难播、不出芽和容易染上土传病虫害的难题,让菜农抢抓时间茬口种植,实现增收。

43. 发生苗期药害怎么办?

(1)原因　苗床土消毒时,用药量过大,播种后床土过干及出苗后喷药浓度过高,易造成药害死苗。

(2)防治方法　在苗床土消毒时用药量不要过大;药剂处理后的苗床,要保持一定的湿度,但每次浇水量不宜过多,避免苗床湿度过大;要及时通风排湿,促进水分蒸发;可在苗床上撒施干细土或草木灰吸附药剂。

44. 番茄育苗期间应如何间苗?

采用穴盘育苗的,一般是单粒播种,无须间苗。采用撒播法进行播种育苗的,由于播量大,出苗多,幼苗密度较大,随着幼苗不断生长,为防止幼苗拥挤,增加幼苗的营养面积,同时增加苗床的通风透光性能,一般要进行2次间苗,以促进幼苗苗壮生长,减少苗期病虫害的发生。

第一次间苗在子叶展开时进行,间苗后苗距1~2 cm即可。

第二次间苗在第一片真叶展开后进行,苗距3~5 cm。

在间苗的过程中要注意拔除过密、畸形、细弱、受伤、戴帽、有病状或虫咬的劣质苗。

45. 番茄育苗期间应如何分苗?

采用撒播法进行播种育苗的,番茄幼苗长至2叶1心时要及时进行分苗,以扩大苗子的营养面积,改善幼苗的通风透光条件;同时,在幼根分化旺盛时分苗,可促进多发侧根。

(1)营养钵分苗　选用10 cm×10 cm营养钵作分苗容器。分苗时,先在营养钵下部装一半的营养土,而后把带土坨的苗子放入营养钵中,调整苗子的高度,加入营养土封好幼苗,摆入分苗床中,要随摆随浇水,而后封棚保温,促进缓苗。

(2)开沟直接栽植　把配好的营养土铺于分苗床中,整平压实,分苗床床土一般厚15 cm,1 m² 床面约需床土200 kg。而后在苗床上开深3~4 cm的沟,沟间距10 cm左右,摆苗前先在沟内浇水,待水稍下渗后,把起出的幼苗按10 cm左右的苗间距摆入沟中(贴沟边稳苗),而后用土封沟。封沟时,扶正个别位置不正的苗子。在开沟时,可事先准备一个10 cm宽,长和苗床宽度相当的木板,以便开沟时好把握沟间距。封土时,用木板推土会更加方便。栽植时,为工作方便,最好先开一条沟,待栽好苗后,再开下一条沟。

(3)注意事项　番茄幼苗根系生长量尚少,分苗移苗时要注意保护根系。分苗前需浇1次水,以减少伤根;苗子运输过程中要轻拿轻放。注意苗子的株距和行距,苗子不能距离太近;分苗水一定要浇足浇透,以利快速缓苗;分苗过程中,要随起苗随分苗,不要一次起苗太多,如果起苗过多来不及栽苗,要用塑料袋包住保湿;分苗后1~2 d,要适当遮阳,以免幼苗失水萎蔫。

46. 番茄育苗期间应如何囤苗?

采用撒播法进行播种育苗的,分苗后定植前需要进行囤苗,利于定植后快速缓苗。

（1）**囤苗方法** 在定植前15 d左右浇1次水,第二天,用铲刀把苗子切成10 cm见方的土块,把土块移动后再放回原处,而后对苗子进行控水处理,使土坨水分下降,这就是所谓的囤苗。营养钵、穴盘等护根育苗的,可以直接移动钵体、穴盘位置进行控水处理。

（2）**注意事项** 囤苗期间,如外界天气较好时,要适当遮阳,不能让苗子失水过多,影响生长。囤苗过程中,土坨的含水量下降,根系吸水减少,植株的生长发育速度减慢,植株大量积累光合产物,细胞液浓度增加,作物抵抗不良环境的能力增强。通过囤苗,伤根提前愈合,并促发出大量新根,有利于植株定植后的快速缓苗。

47. 嫁接育苗的好处是什么?

（1）**提高抗逆能力,减少农药使用** 番茄不适宜连年重茬栽培,在生产中,无论是保护地还是露地,特别是保护地,由于常年连作重茬栽培,造成番茄枯萎病、疫病、青枯病等土传病害大面积发生,利用药物防治成本高,劳动量大,成效低,难度大。把优良的番茄品种与抗病性强的野生番茄等优秀砧木品种进行嫁接栽培,可以很好地解决番茄重茬栽培中土传病害发生严重的问题。嫁接育苗有效利用砧木根系的抗病性强,根系庞大,吸收范围广,吸收水肥能力强,耐瘠薄、耐盐碱、耐低温或高温、耐高温或干旱的优点,利用接穗产量高,品质好,商品性状好的优点,达到高产高效优质的目的。由于嫁接苗抗病能力能,可以大大减少农药的使用,在降低生产成本、减少人力投入的同时,还有利于生产出无公害的番茄产品。

（2）**增加抗逆性,便于生产管理** 番茄嫁接后,利用砧木发达的根系,增强其吸收水分和矿物质营养的能力,可以为植株生长提供充足的营养,使得植株长势增强,植株高度增加,叶面积加大,由此提升了番茄幼苗对逆境的适应能力,表现抗寒、抗盐、耐湿、耐涝、耐旱、耐瘠薄等特点,特别是在日光温室等保护设施内的低温、弱光环境条件下,生长发育良好。

（3）**提早收获、提高产量** 番茄嫁接后根系生长得到促进,生理活性增强,吸收和合成功能得到改善,抗病性和抗逆性增强,生长势旺盛,为产量形成奠定了基础。尤其是利用砧木耐低温的特性,使嫁接植株生育前期在较低温度下也能正常生长,可以提早定植,延长生育期,达到早熟的目的。另外,番茄嫁接苗发达的根系,还方便进行番茄再生栽培,可以进一步提高番茄产量,提高经济效益。

48. 怎样培育砧木和接穗苗?

（1）**砧木催芽** 番茄砧木野生性较强,由于采种时间早晚、果实成熟及后熟时间的不同,种子的休眠性差别较大。对休眠性强的砧木种子,在催芽前可用100~200 mg/kg的赤霉素,放在20~30 ℃温度条件下浸泡24 h,以打破休眠。注意赤霉素的浓度不宜过高,否则出芽后幼苗易徒长。处理后种子一定要用清水洗净。

（2）**砧木出苗** 砧木苗的培育播种后出苗前应保持苗床较高的温度,促其及早出苗。苗床白天温度保持在25~30 ℃,夜间温度保持在20 ℃以上。

（3）**砧木苗期** 出苗后降低温度,延缓苗茎的生长速度,使苗茎变得粗壮,此期苗床白天的温度应保持在25~28 ℃,夜间12 ℃左右,使昼夜保持10 ℃以上的温差。砧木苗分栽于育苗钵或分苗床内后,要适当提高温度,促苗生根,尽快恢复生长。通常栽苗后的7 d

内,白天温度要保持在28 ℃以上,夜间温度应不低于20 ℃。砧木苗恢复生长后把夜温降低到15 ℃左右。

（4）接穗种子处理与接穗苗培育　参照本书有关叙述内容。

49. 怎样嫁接番茄苗?

（1）劈接法　此法最好采用砧木不离土、接穗离土嫁接。嫁接时,首先将带有砧木的营养钵置于嫁接台上,保留2片真叶,即在第二片真叶上方,用刀片平切砧木茎,将上部去掉,而后用刀片于切口茎中间垂直向下劈开。劈接时,切口的位置要处于茎的中间,不能偏向一侧,切入深1～1.5 cm,然后将接穗拔下,从顶端往下2片真叶处的一侧斜削一刀,迅速翻转接穗,从另一侧再用同样的方法削一刀,使接穗成双斜面楔形,楔形长度在1～1.5 cm,随即将削好的接穗插入砧木的切口中,对齐后,用嫁接夹固定,见图12、图13。

图12　张晓伟（前排左一）研究员指导番茄嫁接育苗

图13　张晓伟（前排右一）研究员指导番茄劈接法嫁接育苗

（2）斜切接法　又叫斜接法或贴接法。嫁接时,先把带有砧木幼苗的营养钵放在操作台上,而后砧木保留2片真叶,在砧木第二片真叶上的节间处,用嫁接刀片成30°斜削去株顶,使切面成一斜面,斜面长1～1.5 cm,立即将接穗拔下,在上部保留2片真叶,去掉下部茎和根,把切口处用嫁接刀削成一个与砧木相反且同样大小的斜面,然后将砧木的斜面与接穗的斜面贴合在一起,用嫁接夹固定。注意如果斜面接口较长,一个嫁接夹不足时,可以用两个嫁接夹。

(3)靠接法 嫁接时取大小相近的砧木苗和接穗苗,把二者都拔出苗床备用。取一株砧木苗,先切去砧木的生长点,而后从5~6叶片处由上而下呈40°斜切一刀,深度为茎粗的1/3(切口深度不能超过茎粗的1/2,但也不可过浅,否则会影响嫁接成活率),下刀要掌握准、稳、狠、快的原则,一刀下去,不可拐弯和回刀,切好后,把砧木苗放于操作台上。而后立即拿起适宜的接穗苗,用同样的方法,在4~5片叶处由下而上成30°斜切一刀,深度为茎粗的1/2,然后将两切口紧靠后用嫁接夹固定好。掌握嫁接夹的上口与砧木和接穗的切口持平,砧木处于夹子外侧。各工序操作完毕,要随即把嫁接苗栽于营养钵或苗床内,栽植时,为利于以后断根,砧木和接穗根系要自然分开1~2 cm。

(4)套管接法 砧木和接穗削切法与斜切接法相同。只是砧木和接穗的斜面贴合后不用嫁接夹固定,而是用一长1.2~1.5 cm、两端为平行斜面形的C形塑料管套住,借助塑料管的张力,使番茄苗与砧木的接面紧密贴合的一种嫁接方法。采用不离土嫁接。嫁接时,先把砧木苗放于操作台上,而后保留1片真叶。在第一片叶与第二片叶之间沿茎的伸长方向成25°~30°,斜向切断去株顶,使切面成一斜面,斜面长1~1.5 cm。然后把事先准备好的番茄嫁接专用塑料套管套在砧木切口处,要使套管上端倾斜而与砧木的斜面方向一致,以便于接穗的套接再取接穗苗,在上部保留2~3片真叶,切去下部茎和根,把切口处用嫁接刀削成一个与砧木相反且同样大小的斜面。最后沿着与套管倾斜面相一致的方向把接穗苗插入嫁接套管中,插入时要尽量使砧木和接穗的切面很好地压附在一起。

50. 怎样选取合适的嫁接方法?

(1)根据番茄苗的大小 一般来讲,大番茄苗嫁接,由于苗茎比较粗硬,易于劈裂,应选择劈接法、靠接法、贴接法等进行嫁接,不宜选用插接法,以免插孔时插裂苗茎。用小苗嫁接,可选择插接法。

(2)根据嫁接育苗的目的 如果是以防病为主要目的,应选择防病效果比较好的劈接法、贴接法进行嫁接。

(3)根据嫁接育苗技术水平 如果当地番茄嫁接育苗经验丰富,技术水平比较高,应优先选择防病效果比较好的劈接法、贴接法进行嫁接。如果当地以前没有进行过嫁接育苗,最好选用嫁接苗成活率比较高的靠接法等。

(4)根据育苗季节 高温期育苗,苗床温度比较高,嫁接苗容易失水萎蔫,成活率一般偏低,所以对苗床管理的要求比较严格。如果育苗条件不好,应选择嫁接苗成活率相对比较高的靠接法,育苗条件好时可根据嫁接育苗的技术掌握情况选择其他嫁接方法。低温期育苗,应尽量选择劈接法和贴接法,以提高嫁接苗的壮苗率。

(5)根据育苗条件 育苗条件比较好的地方,应优先选择有利于培育壮苗的劈接法和贴接法,育苗条件较差的地方,应当首选靠接法。

51. 嫁接后如何进行苗床管理?

番茄苗由于削切断根的原因,生命活动和生长所需水分只能通过与砧木的接合面以"渗透"的方式得到供应,非常有限。所以此阶段的重点是减少失水,维持吸水与失水的平衡,防止接穗发生萎蔫而降低嫁接苗的成活率。此阶段对育苗床的环境要求比较严格(图14)。

图14 嫁接后的番茄苗

(1)温度管理 嫁接后,立即将嫁接苗移入小拱棚内,充分浇水后将棚封闭。前3 d,需在小拱棚外面覆盖草苫等保温遮光,保持棚内适温、高湿状态,以促进伤口愈合和减少番茄苗蒸腾失水造成萎蔫。白天保持25~30 ℃,夜间18~20 ℃,地温25 ℃左右。3 d后逐渐降低温度,白天掌握在25~27 ℃,夜间17~20 ℃。如果温度偏高,可采用遮光和换气相结合的办法加以调节,防止因温度过高,番茄苗失水加快,发生萎蔫。如果温度长时间偏低,番茄苗与砧木苗的接合将较慢,嫁接苗的成活率和壮苗率也会降低。因此,低温期嫁接要安排在晴暖天气进行,同时加强苗床的增温和保温工作。

(2)湿度管理 嫁接后头3 d空气相对湿度保持在90%以上,以后逐渐降低,但相对湿度也要保持在80%左右。在适宜的空气湿度下,嫁接苗一般表现为叶片开展正常、叶色鲜艳,上午日出前叶片有吐水现象,中午前后叶片不发生萎蔫。一般来讲,嫁接后将育苗钵浇透水或苗床浇足水,并用小拱棚扣盖严实,嫁接后头3 d一般不会出现空气干燥现象,如果出现苗床内干燥现象,要在早晨或傍晚,用水瓢盛水小心地浇入苗行间,不要叶面喷水,以免污水流入嫁接口内,引起接口腐烂。从第四天开始,要适当通风,降低苗床内的空气湿度,防止因空气湿度长时间偏高引发病害。苗床通风量要先小后大,开始通小风,随着嫁接苗伤口的愈合,通风逐渐扩大。通风量大小的判断以嫁接苗不发生萎蔫为宜。如果嫁接苗发生萎蔫,要及时合严棚膜,萎蔫严重时,还要对嫁接苗进行叶面喷水。

(3)光照管理 嫁接后的伤口愈合阶段,要求散射光照。因直射光照射嫁接苗后,容易引起嫁接苗体温过高、失水加快而发生萎蔫。在管理上,白天要用草苫或遮阳网对苗床进行遮光,避免强光直射苗床。从第三天开始,早晚逐天减少遮光面积,一般头几天先将苗床遮成花荫,6 d后,逐渐撤掉覆盖物不遮阳,增加苗床光照,防止嫁接苗因光照不足,导致叶片黄化、脱落等。

小结:番茄从播种到开花结果需要较长的时间,为了提高土地和设施的利用率,争夺农时,节约用种,生产上一般采用育苗移栽。番茄育苗有多种方式,其目的是培育壮苗,从而获得早熟丰产的效果。随着栽培制度的不断完善,生产技术水平的不断提高,育苗技术也在不断发展,育苗的优劣直接关系到番茄的产量和产值,俗话说的"看苗三分收"就是这个道理。

四、一般的田间栽培管理基础

俗话说："良种配良法。"充分利用番茄品种自身对环境的要求，针对不同的栽培模式，采用科学合理的田间管理技术，可以有效控制番茄植株生长发育不良、病害发生、产量和品质下降等问题的出现。本部分内容主要介绍了番茄田间栽培中对温度、水分、光照、土壤、肥料等因素的要求及其影响，以期为番茄高产栽培打下基础。

52. 番茄田间栽培环境因素包括哪些?

(1)气候因素　光能、温度、空气、水分等。如光照强度、日照长度、光谱成分、温度、降水量、降水分布、蒸发量、空气、风速等。

(2)土壤因素　土壤的有机和无机物质的物理、化学性质以及土壤生物和微生物等。如土壤结构、有机质含量、地温、水分、养分、土壤空气、酸碱度等。

(3)地形因素　如地势、地貌、海拔高度、坡度、坡向等。

(4)生物因素　动物的、植物的、微生物的影响等。生物因子又分为植物因子,如间、套种的搭配作物、杂草;动物因子,如有益及有害昆虫、哺乳动物等;微生物因子,如病菌、固氮菌、土壤微生物等。

(5)人为因素　主要指栽培措施,有一些是直接作用于番茄的,如整枝、打杈、喷洒生长调节剂;而更多的则是用于改善番茄的环境条件,如耕作、施肥、灌水等。人为因素还包括环境污染的危害作用。

在上述5类因素中,人为因素通常是有意识、有目的的,可以对自然环境中的生态关系起着促进或抑制、改造或建设的作用,所以,人为因素对番茄的影响较大。有的自然因素可以通过人为因素进行调控,促其有利于作物生长发育,如测土配方施肥改善土壤养分状况;有的自然因素有其强大的作用,非人为因素所能代替或改变,如低温、干热风等。所以,了解番茄生长过程对环境因素的要求,以及这些环境因素对番茄各器官形成的影响,可以据此,联系生产实际,制定适宜的综合技术措施,直接用于指导番茄生产实践。

53. 哪些前茬作物的地块适宜栽培番茄?

番茄最好的前茬是葱蒜蔬菜,其次是豆类蔬菜、瓜类蔬菜,最次是白菜类、甘蓝类、绿叶菜类。有的地区采用番茄与大田作物小麦等轮作,效果也较好。番茄忌重茬地,适宜于中性或偏酸性土壤生茬地栽培。种过番茄、芝麻、油菜、茄子、辣椒、马铃薯、烟草等作物的地块,要间隔4~5年才能种植,以防病菌相互传染。

54. 番茄对温度的要求是什么? 温度对番茄安全高效生产有何影响?

(1)温度要求　番茄正常生长发育需要一定的温度。种子发芽适宜温度为25~30 ℃,温度高于35 ℃则发芽受到影响,低于11 ℃则不发芽;幼苗期番茄是喜温但不耐热的蔬菜,生长发育适宜温度20~25 ℃,但在不同生育阶段对温度的要求也不同。白天适宜温度20~25 ℃,夜间10~15 ℃。最适宜的生长温度为20~25 ℃,低于15 ℃时不能开花,或授粉受精不良,导致落花等生理性障碍发生;温度低于10 ℃,植株停止生长;低于5 ℃时间一长会引起低温危害;-2~-1 ℃时,短时间内可受冻而死亡;温度高于30 ℃时,其同化作用显著降低;高于35 ℃时,生殖生长受到干扰和破坏;短时间的40 ℃高温也会产生生理性干扰,导致落花落果或果实发育不良,如低温状态下会造成尖顶果、桃形果、指形果、疤果、裂果、多心室等畸形果。而畸形果严重影响了番茄的品质和产量,使其商品性大幅下降。

(2)温度影响　番茄生长发育期间,温度过高或过低都会影响番茄的商品性。果实成熟时,遇到30 ℃以上的高温,番茄红素形成减慢;超过35 ℃,番茄红素则难以形成,表面出现绿、黄、红相间的杂色果。高温干燥时,叶片向上卷曲,果皮变硬,容易产生裂果。番茄遇到连续 10 ℃以下的低温,幼苗外观表现为叶片黄化,根毛坏死;内部导致花芽分化不正常,容易产生畸形果。温度在 5 ℃以下时,由于花粉死亡而造成大量的落花。同时授粉不良而产生畸形果。如果温度在 -1 ~ 3 ℃,番茄植株就会冻死。在冬季日光温室番茄生产中,出现连续数天阴雪或大雾不散,突然天晴导致室内番茄植株萎蔫,轻者影响番茄生长,重者造成植株死亡。

55. 番茄对水分的要求是什么? 水分对番茄安全高效生产有何影响?

(1)水分要求 番茄生长速度快,而且茎叶繁茂,蒸腾作用强,加上结果多,所以需水量较大。但由于其根系发达,吸水力较强,因而具有一定的耐旱能力,不需大量灌溉,特别是幼苗期和开花前期,水分过多则幼苗徒长,会影响结果。一般幼苗期适宜的土壤湿度为 60% ~ 70%;定植缓苗期需大量的水分;开花坐果前,适当控制水分,防止茎叶徒长,影响坐果;果实开始膨大后,需水量急剧增加,应经常保持土壤湿润,防止忽干忽湿。特别是干旱后浇大水易发生大量裂果和诱发脐腐病。番茄在生长发育的各个时期都要求较小的空气相对湿度,一般在 50% ~ 60% 比较适宜。如果空气湿度过大,影响正常授粉,并容易造成各种侵染性病害的发生和流行。

(2)水分影响 水分对番茄的生长和果实商品性的影响很大。缺水容易造成番茄根系断裂,易感染病菌和病毒;水过饱和可导致根系缺氧死亡,也会导致病害发生;干湿不均的话更麻烦,易造成番茄养分供应不足,果实不能正常膨大,果皮、果肉变软,果实不能正常转色,发生脐腐病等,从而降低番茄的商品性。

56. 番茄对光照的要求是什么? 光照对番茄安全高效生产有何影响?

(1)光照要求 俗话说,万物生长靠太阳,可见光照对番茄的重要性。光照条件的好坏直接影响到产量的高低,光照减小 1/3,产量下降一半;光照减少 2/3,只有 13% 的产量。番茄是喜光性作物,生长发育需要充足的光照,光饱和点为 7 万 lx,光补偿点为 2 000 lx。每天日照时数 12 ~ 14 h,光照强度达 4 万 ~ 5 万 lx 为番茄理想的光照条件。充足的光照条件不仅有利于番茄植株的光合作用,而且能使花芽分化提早,第一花序着生节位降低,果实提早成熟。

(2)光照影响 光照减弱,植株光合作用所积累的养分减少,表现为营养不良,茎叶细弱,容易造成落花落果,严重影响产量和品质。这也是我国北方冬季日光温室生产番茄产量较低的主要原因之一。但光照过强,尤其是伴随着高温干旱,会灼伤果面,发生日灼病,出现生理性卷叶,诱发病毒病,同样会影响果实的产量和品质。

57. 番茄对土壤的要求是什么? 土壤对番茄安全高效生产有何影响?

(1)土壤要求 番茄根群发达,吸收能力强,对土壤的质地和土层厚度的要求不太严格,但对土壤的通气条件要求较高。应选择耕层深厚,排水良好,富含有机质,保肥保水能力强,透气性好的肥沃壤土。土壤 pH 碱性或过酸性的土壤对番茄生长不利,适宜番茄生长的土壤 pH 为 6 ~ 7。

(2)土壤影响 对于栽培番茄,一般沙壤土透气性良好,土温上升快,在低温季节可促进早熟;黏壤土保肥能力强,能获得高产;微酸性土壤中幼苗生长缓慢,但植株长大后,长势良好,产量高,品质也较好。黏性土壤对番茄根系生长及营养吸收不利,会降低番茄的商品性。

58. 番茄对肥料的要求是什么? 肥料对番茄安全高效生产有何影响?

(1)肥料要求 番茄多为无限生长类型,植株与果实生长量大,对肥料的吸收量比较多,同时番茄是边生长、边开花、边结果,因此,在生产上要注意调节其营养生长与生殖生长的关系,才能获得优质高产。番茄采收期比较长,随着采收,养分不断供给,需要边采收边供给养分,才能满足不断开花结果的需要。番茄钾、钙、镁的需要量都比较大,特别是在果实采收期,缺乏这些元素,容易产生脐腐病。这是番茄的生育与营养特点,也是茄果类蔬菜生育与营养的共性。根据各地研究,番茄每生产 1 000 kg 鲜果,需要氮4.5 kg、磷(P_2O_5)5.0 kg、钾(K_2O)5.5 kg、钙(CaO)3.35 kg、镁(MgO)0.62 kg。番茄对养分的吸收是随生育期的推进而增加,其基本特点是从第一花序开始结实、膨大后,养分吸收量迅速增加,至收获盛期,氮、磷、钾、钙、镁的吸收量已约占全生育期吸收总量的70% ~90%,收获后期对养分吸收明显减少。

(2)追肥 前控:移栽缓苗后至第一果穗膨大,一般不追肥浇水,只进行中耕(5~7 d1次),中耕深度4~6 cm,方法是掀开大行间地膜,进行划锄。此期使用叶面肥可培育壮苗,使苗子粗壮。中促:第一果穗果实如核桃大小(同株第二穗果蚕豆大小,第三果穗刚开花)进行第一次肥水促进(过早易徒长,过晚影响果实膨大和早熟),可施冲施肥,以后每穗果膨大时冲施1遍冲施肥,在2次冲施之间喷施叶面肥。后加强:从第四果穗膨大后可施冲施肥追肥,促进膨果,并且每7~10 d喷施1次叶面肥,有利于膨果及预防病毒病等病害。

叶面补肥:番茄坐果后至果实迅速膨大前是补钙的关键时期,从初花期开始,应补施含钙肥料,可以叶面喷施,也可随水进行冲施。

小结:番茄的商品性与栽培环境有着密切的关系,温度控制不好、肥水管理不当、光照不足等问题都会降低番茄的商品价值和经济效益。番茄的商品性不单指外观、卖相,还包括产品质量,它不仅仅影响着番茄的销售数量,还影响着销售价格。在栽培环境适宜的条件下,番茄一年四季均可进行生产,其栽培季节及茬口应根据当地气候条件、设施性能及消费习惯适当调整,灵活安排各(茬次)的播种、定植及采收时间,提高番茄的商品性。

五、安全高效种好露地番茄

近几年来，人们都在大力发展设施番茄，而忽略了露地番茄的种植，实际上露地番茄无论在品质上，还是价格上都能与设施番茄相媲美，而且投资小、见效快，管理好了利润高，因此掌握好露地番茄的栽培技术很关键。本部分内容主要介绍了露地番茄的品种选择、田间管理技术等，希冀对露地番茄生产有积极的指导意义。

59. 露地栽培的番茄播种期是怎么确定的?

春露地栽种的番茄最适宜的播种期,要根据当地终霜期早晚、选用品种的熟性及育苗条件来确定,一般为番茄定植期(终霜期过后 10 cm 处地温稳定在 10 ℃以上)往前推 60 ~ 80 d。冷床育苗的育苗期,早熟品种 60 ~ 70 d,中晚熟品种 80 ~ 90 d;温床或温室育苗的育苗期一般 60 ~ 70 d。一般华北地区多在 4 月中下旬定植。

以北京地区为例,若用阳畦或小拱棚播种、育苗,苗龄为 90 ~ 100 d,应在 1 月中下旬播种;若在温室播种,阳畦或小拱棚分苗,苗龄为 70 ~ 75 d,则应在 2 月中旬播种;苗期条件更好的地方,苗龄 50 ~ 60 d,播种期可推迟至 2 月底。

60. 如何选择适合露地栽培的番茄品种?

露地栽培番茄应选抗逆性强、叶量多、叶片大、生长势强的大果型品种。这样的品种产量高、果型大,一般能获得较高产量和效益。选用高抗病毒病的品种,并兼顾当地多发病害。高温、干旱、强光等不利的气候条件,往往造成蚜虫等害虫大量发生危害,常常导致病毒病的发生和流行。因此,要选用抗当地主要病害的番茄品种。进行短期栽培的可选用适宜的早熟品种;否则,应选晚熟、高产的品种。总之要选择生长势强,不易早衰;花蕾较多,容易坐果;结果期长,结果多,丰产性能好;果形端正、品质好,商品果率高;抗病(特别是要抗番茄病毒病、晚疫病和早疫病)、耐热、耐湿、中晚熟的品种。同时考虑当地市场对番茄商品性的需求。比较适合于露地栽培的品种有粉果将军 F1、中杂 9 号、佳粉 17 等品种。

61. 如何确定露地番茄栽培密度?

番茄的栽培密度受栽培条件、栽培时期、土壤肥力、品种特性、生育期长短、整枝方式、留果层数、个人栽培管理习惯以及不同栽培模式等因素影响。番茄为喜光作物,如果种植密度过大,田间通风透光条件差,湿度大、病害容易发生并引起裂果,植株很容易徒长、花芽分化不良、坐果率下降、落果、转色困难、易发生筋腐病、品质和产量下降等,如果定值过稀,群体总产量会受到影响。因此,确定适宜密度,才能充分利用光能,保证产量,增加番茄的商品性。

普通番茄露地定植密度为每亩(1 亩 ≈ 667 m²)2 500 ~ 3 000 株。采取宽窄行定植法,行株距为宽行 80 cm,窄行 50 cm,株距 40 cm。彩色番茄露地定植密度同普通番茄。高山番茄适宜密植:高山气温低,植株生长慢,不易徒长,可适当密植,中早熟品种可按株距 25 ~ 30 cm 的密度栽植,每亩栽苗 3 700 ~ 4 400 株。

62. 露地番茄高畦栽培如何整地?

番茄高畦栽培较平畦栽培有灌水不漫秧,植株通透性好,病果、烂果少,品质好,产量高,商品率高等优点。高畦栽培番茄选择富含有机质、保水保肥、排灌良好、土层深厚的壤土或沙壤土。定植前土壤进行深耕细耙,田土细碎,无大坷垃,清检作物残茬。番茄是深根系作物,根系下扎深度可达 1.6 m,要求犁 30 cm,细耙 3 遍,肥土混匀。深耕可将前茬表土中的病原菌和虫卵翻埋到深层,有利于减少病虫的危害。秋耕冻垡,消灭或减少土壤中的病菌、虫卵，改善土壤结构。按 130 cm 起畦，畦宽 50 cm，沟宽 80 cm，深 20 cm。把起好的垄用铁耙子蹚平，打碎土坷垃(图 15)。

图 15　露地番茄高畦栽培整地

63. 露地番茄生产中使用的地膜有哪些类型?

(1)无色透明膜　生产中普遍使用的一种地膜，透光性好，透光率可达 80% ~ 93.9%，可使土壤耕层温度提高 2 ~ 4 ℃。

(2)银灰色地膜　银灰色反光性强，能增强地上部光照，具有驱避蚜虫的作用，能减轻病毒病危害。在番茄生产中覆盖这种地膜能减少植株上的蚜虫数量，并使蚜虫发生期向后推迟，起到避病作用。但后期植株封行后，驱避蚜虫的作用降低。

(3)黑色膜　具有遮光作用，透光率极低。因其本身能吸收太阳光热，故增温效果不如无色透明膜。春季用黑色地膜覆盖，一般可使土壤增温 1 ~ 3 ℃，但黑色膜常因吸收太阳光热，却不容易将热量传给土壤而使自身软化。黑色膜能有效地防止土壤水分蒸发和抑制杂草生长(图 16)。

图 16　黑色地膜覆盖

(4)除草膜　该膜的一面含有除草剂，使用时膜内的除草剂便溶解在土壤水蒸气中，当水蒸气遇冷时凝成水滴，并滴落在畦面上，形成一层药剂处理层，能杀死刚萌发的杂草幼芽。利用除草膜除草，不但省工，并且效果好而持久。但番茄对一些除草剂较为敏感，必须考虑番茄对除草剂的选择性,严格选择适用的除草膜。

64. 露地番茄生产中的地膜覆盖形式有哪些?

各地的气候条件差异很大,栽培方式不同,生产中地膜的覆盖形式各异。

(1)平畦覆盖 北方地区番茄生长期正值干旱少雨季节,为浇水方便,宜选幅宽60～80 cm地膜。1 m一畦,双行平畦覆盖栽培。平畦覆盖简便省工,适于降水量少、干旱多风的地区及土壤保水性差的地块。缺点是受光面积小,增温效果差,不利于雨季排水防涝。

(2)龟背畦覆盖 阴湿多雨地区,番茄畦做成中央隆起呈龟背形高畦,地膜铺盖于畦面。一般畦面宽60～80 cm,畦沟宽40～60 cm,畦面高度及盖幅宽度因地区而异。可采用20～25 cm高畦栽培。多雨地区宜采用幅宽100 cm以上的地膜覆盖全畦,以利雨季防涝及伏旱季节保墒。

(3)遮天盖地式覆盖 做畦法与平畦相同,畦做好后,直接覆盖一层地膜,地膜幅宽70～80 cm。然后用杨树条、柳枝、紫穗槐条等弯成弓形或半圆形,顺番茄行插成支架,成小拱棚状。上扣幅宽1.2m、厚0.015mm普通透明地膜。这种覆盖方式升温快,10 cm地温较平畦覆盖平均高2～3 ℃,因而可早播或早定植5～8 d,提早成熟10 d左右。但保墒性稍差,必须及时浇水,且易滋生杂草,应及早防除。同时,由于地膜很薄,抗风、抗拉能力较塑料薄膜差,覆盖空间较小,气温较高时易灼伤番茄苗,应适时撤除。

(4)小高畦覆盖 小高畦在保护地、春露地均可采用。整地施基肥后起垄做畦,小高畦的方向以南北延长为好,以利于一天中受光均匀。一般畦面宽60～80 cm,沟宽40～60 cm。在地势低、地下水位高、土壤黏重、雨水较多的地区,小高畦高度一般在20～30 cm,以便早春土壤温度的升高和雨季排涝;在沙质土壤、地下水位低、较干旱的北方地区,小高畦的高度以15～20 cm为宜;比较干旱的西北高原地区,可采用5～10 cm的小高垄,便于灌溉。

(5)朝阳沟栽培(阳坡垄沟覆盖法) 这种方法可在终霜前10 d左右定植,适用于长江以北地区使用。具体做法是,在定植前10～15 d做好垄,在定植垄的北侧起一高垄,垄宽50 cm,垄高为30～40 cm,宽25 cm用来挡西北风,幼苗定植在小高垄南侧畦面或浅沟里,上覆地膜。

65. 露地番茄是如何进行田间管理的?

番茄虽喜温、喜肥、喜水,但不抗高温,不耐浓肥。在生产管理上,应根据番茄不同生长发育时期的特点,做到定植后促根发秧,盛果期促秧攻果,后期保秧保果促优质。

(1)查苗补栽 定植后5～10 d,要进行全田普查,发现缺苗、死苗要进行补栽,并分析死苗、缺苗原因,有针对性地进行补水或病虫害防治。

(2)肥水管理 移栽定植后,因地温低,根系少而弱,此时管理重点是增温保墒,促根生长。进入结果期,应保持土壤不干不湿,攻棵保果,争取在高温季节到来之前封垄。如果长势不好,这时要抓紧进行第二次追肥,并揭去地膜,结合追肥进行一次中耕除草。

1)水分管理 浇水应根据土壤、天气和植株生长情况而定。土质疏松、保水性差的沙地,浇水次数可适当多一些,每次浇水量不宜过大。保水性强的黏重土壤,浇水的间隔时间应长一些。应根据天气预报确定浇水时间,以浇水后3～4 d无大雨为宜。番茄生长的前期,由于植株较小,需水量少,而且地膜覆盖可减少土壤水分的蒸发,所以定植后浇水量比无地膜覆盖露地栽培的少。平畦栽培在缓苗后轻浇一水,然后进行蹲苗。高垄栽培的缓苗以后根据土壤墒情,可在膜下浅沟内浇水1~2次;等第一穗番茄坐果后(鸡蛋黄大小时)开始浇水,在植株生长进入盛果期(第三花序坐果)后,要加强浇水。以后根据植株生长情况和天气变化,采取小水勤浇的方法进行浇水。前期低温季节9~12时浇水,进入高温季节,每次浇水宜在9时前、17时后进行。浇水原则是大田土壤见干见湿,遇旱即浇,遇涝即排。一般在土表发白,10 cm以内土壤见干时即应浇水。番茄不宜大水漫灌,也不宜旱涝不均。过度干旱后骤然浇水可能发生落花、落果、裂果和感染疫病等叶部病害。

2)追肥 地膜番茄生育期长,生长量大,产量高,只靠基肥不能满足整个生长期的需要。在施足复合肥和有机基肥的前提下,适时追肥也不能忽视磷、钾肥。追肥时期及数量:栽后10 d左右是缓苗期,每亩施尿素10 kg,并浇1次小水促苗迅速生长,建成丰产骨架。番茄在第一穗果实坐果后至采收前,是追肥的关键时期。当第一穗果长到鸡蛋黄大小时,结合浇水进行第一次施肥催果,每亩可随水浇腐熟粪稀2 000 kg左右或硝酸磷肥15 kg + 钾肥8~10 kg。以后每坐稳一穗果追1次肥,追肥配合浇水进行。追肥方法应穴施或开沟条施并及时覆土。据试验,撒施化肥自然挥发量在70%以上,作物吸收不足30%,如果穴施或开沟条施并及时覆土,可提高肥料利用率10%~30%,比撒施增产10%左右。追肥可在畦沟内结合浇水,追施速溶性复合肥和发酵的人畜粪尿。也可利用注肥器将速效性化肥注入离番茄主茎15 cm处的根际。有条件的地区,可采用塑料软管滴灌配施肥,该技术省工、省时,操作方便。北方地区基肥施用比例大,追肥的次数可少些;南方地区基肥施用比例小,追肥次数可多些。叶面追肥不仅能增强植株叶片的营养,而且能刺激植株根系对水分和营养的吸收。叶面追肥是丰产栽培的一项重要追肥方法。叶面追肥可与喷药防治病虫害结合进行,以减轻劳动量。

(3)植株调整 在番茄栽培中通过植株调整来控制茎叶营养生长,促进花及果实发育,是获得高产高效益的关键技术之一,也是挖掘植株内在增产潜力的有效方法。对番茄植株进行适宜的调整,可以提高坐果率,提早成熟,增加单果重,提高果实整齐度,果实发育及着色良好,可以明显增加产量和改善品质。番茄植株调整主要是通过打杈、摘心等操作来进行,不同的打杈、摘心方式形成了各种不同的整枝方法。

(4)中耕与除草 地膜覆盖下地表温度可达50 ℃以上,一般杂草萌发后会被高温烤死,所以前期不中耕畦面,只锄畦沟。田间操作时应小心,尽量不损坏薄膜,一旦发现薄膜破裂,要及时用土压严,以免透风。当杂草过多顶膜时,可将膜中间划开,除草后将膜重新盖好并用土压严。

(5)地膜的利用和覆草 在田间操作时,一定要小心,尽量避免损坏薄膜,一旦发现薄膜破裂,要及时用土压严。进入7月高温季节后,番茄田已封垄,可结合除草去除薄膜,或在其上覆盖秸秆等,以降低地温。

(6)保花保果防早衰 番茄除因发生各种病害、虫害造成落果外,一般落果现象较少,而落花现象比较普遍。不论哪种栽培形式,栽培技术不当,如栽植密度过大,整枝打杈不及时,管理粗放等都会引起落花落果。在不良生态条件下,采用人工辅助授粉和生长素(番茄灵等)处理,保花保果率可显著提高。

66. 露地番茄应用植物生长调节剂时应注意哪些事项?

应用植物生长调节剂应注意以下问题:

(1)剂量低、用量少　植物生长调节剂的有效浓度低,如芸薹素内酯生产使用浓度一般为 0.01~0.1 mg/kg,每公顷使用有效成分总量一般 0.2~2 g,属超低用量农药。这与一般化肥、杀虫剂、杀菌剂不同。

(2)效果直观、见效快　一般在使用后 12 d 就可见植物形态明显变化。如番茄幼苗期叶面喷洒甲哌鎓(缩节胺)750 mg/kg,3~4 d 就可看到叶片颜色增绿,新生叶片加厚,主蔓生长延缓。

(3)简便高效　植物生长物质一般在特定时期通过喷洒、拌种、浸蘸等方法处理作物,操作简便易行。由于植物生长调节剂直接改变植株和器官(包括产量器官)生长发育以及产量品质形成等生理过程,效果和效益显著,一般直接产出投入比在 10:1 以上。

(4)安全性高　与杀虫剂、杀菌剂和除草剂不同,植物生长调节剂不是杀灭有害生物,而是调控作物本身,所以一般毒性低,植物体内天然存在或易于代谢,在作物、产品和环境中残留低,对生物和环境安全性高。从目前国内外农药安全性评价标准看,多属于微毒、基本无残留的安全级产品。

(5)剂量效应　不同作物甚至不同品种、不同器官,对同一种植物生长调节剂敏感性不同。剂量适宜,效果好,过低过高效果不佳,甚至还会有副作用。例如,2,4-D 用浓度为 10~15 mg/kg 处理番茄花蕾,可防脱落、促坐果,浓度过高会造成空心、裂果和畸形果,降低产量和品质;比该浓度更低的 2,4-D 药液都会引起棉花、大豆等阔叶敏感作物上发生"鸡爪叶"、茎扭曲等受害症状;高浓度(g/kg 数量级)2,4-D 药液还可杀死植物,可用做除草剂。所以在使用植物生长调节剂时,要严格掌握浓度和剂量,不可随意增加。

(6)时间效应　植物生长调节剂一般要在特定生育阶段使用才有效。控制番茄节间长度,宜在苗期花期使用。所以使用植物生长调节剂时,要严格遵照产品说明和要求的时间或发育期,不可随意改变。

67. 露地番茄的采收标准是什么? 什么时间采收比较好?

番茄果实在成熟过程中可分为 4 个时期,即青熟期、转色期、坚熟期和完熟期(亦称软熟期)。

青熟期:果实已充分膨大,但果皮全是青绿色,果肉坚硬,风味较差。

转色期:果实的顶端开始由青变黄白色,果肉开始变软,含糖量增高。

坚熟期:果实 3/4 的面积变成红色或黄色,营养价值最高,是鲜食的最适时期。

完熟期:果实表面全部变红,果肉变软,含糖量达极高。

露地番茄一般在开花后 40~50 d,果实达到坚熟期即果实已有 3/4 的面积变成红色或黄色时即为采收适期,应及时采收。鲜果上市最好在转色期或坚熟期采收。储藏或长途运输最好在青熟期采收。加工番茄最好在坚熟期采收。适时早采收可以提早上市,增加前期产量和产值,并且还有利于植株上部花穗果实的生长发育。番茄采收时要去掉果柄,以免刺伤别的果实。番茄采收后,要根据大小、颜色、果实形状,有无病斑和损伤等进行分级包装,以提高商品性。

小结：露地番茄栽培，受气候条件制约，各地因地理位置不同，种植时间也不同，长江流域一般在清明前后、华北地区在谷雨前后、东北地区在立夏前后，基本上在炎热的夏季供应，满足了市场需求。露地番茄生产特别是进入夏季后，随着气温的升高和湿度的增大，容易出现多病、早衰、落花等现象，造成入夏后番茄市场供应的淡季，应根据当地温度光照、品种熟性、水肥条件等综合因素来创造适宜环境，提高植株抗性，减少病虫害的发生。

六、安全高效种好塑料
   大棚番茄

随着我国农业产业结构调整步伐的加快,露地番茄规模日益缩小,温室大棚等保护地番茄发展速度较快,为农民增收起到了重要作用。本部分内容主要介绍了塑料大棚番茄的品种选择、育苗、定植、田间管理等技术,希冀对塑料大棚番茄生产有积极的指导意义。

68. 建造塑料大棚都有哪些要求?

我国由南到北,温度逐渐变低,保温的矛盾越来越突出,而由北向南通风降温的矛盾越来越重要,所以,大棚的面积由南向北有逐渐增大的趋势。黄淮流域每个大棚一般为 1 亩;长江中下游地区每个大棚在 0.3 亩左右。近几年河南周口、河北永年等地,结合国外大棚生产建造经验,自行研究一种占地 5~10 亩的连栋大棚,发展很快。

(1)选址 大棚要建在背风向阳、交通便利的地方,以南北向为好,或在大棚的迎风一侧设立风障挡风。

(2)性能 为了达到采光性能好,光照分布均匀,白天升温快,夜间保温好,管理方便的要求,要设计合理的高跨比例。虽然中心高度越高,大棚坡面越陡,它的光线入射率就越多,但是,抗风能力就会下降。综合平衡各方面的利弊,一般认为,塑料大棚宽度为 8~14 m,长度为 50~80 m;脊高为 2~2.5 m,边高 1 m 左右较合适;大棚的通风口设置要合理,要求顶部通风口和中部通风口的位置适中,并易于开放和关闭;结构合理,坚实牢固。一般来讲,大棚内的立柱数量越少,越便于操作。但大棚的立柱数量减少,结构变简单后,棚架的牢固程度也随之下降,抗风、雪能力也随之降低。大棚的规格越大,保温性能越好,但棚内中间部位的光照变弱,不利于番茄生长。具体选择时,长江以北地区冬春季节多大风,应选用骨架结构牢固得多的立柱大棚以及钢架大棚。

(3)覆盖物 覆盖的塑料薄膜应为透光性能好的无滴膜或半无滴膜,其中以乙烯–醋酸乙烯多功能转光膜为好,聚乙烯薄膜易产生水滴,透光性不好,而聚氯乙烯多功能复合膜费用高,会增加大棚番茄的生产成本。

69. 塑料大棚种植番茄都有哪些辅助保护形式?

塑料大棚种植番茄的辅助保护形式,随着技术的进步越来越多。辅助保护形式的改进,不同程度地提早或延迟了市场的供应,不但产量得到提高,而且经济效益也得到不断增加。下面就不同辅助保护形式的生产做一介绍。

(1)单层薄膜覆盖的地膜栽培辅助保护形式 在定植番茄时,做成龟背垄,垄高 15 cm。覆盖一层地膜后,地温可以提高 2 ℃左右。由于大棚内无风,地膜不用压边就行。增加投资部分的产出比,一般是 1:7 以上。

(2)大棚套小拱棚栽培辅助保护形式 大棚的一层薄膜在寒流到来时,最低温度情况下,只能提高 4 ℃左右,在春季早熟栽培就是要抢一个"早"字。为了提早上市,就必须提早定植,经过各地菜农不断地改进,又在大棚内套一层小拱棚,用无纺布或薄膜在夜间进行覆盖,据测试又可以提高 3~4 ℃,起码能提早 10 d 定植,上市时间可以提早 7 d 左右。每亩投资菜架小竹竿 300 根,薄膜或无纺布 800 m²。总的投资在 1 000 元左右,可用 3 年左右(图 17)。

图 17　大棚套小拱棚栽培

（3）三层覆盖栽培辅助保护形式　早春塑料大棚的番茄生产，根据市场的价格特点，前期要高出中后期的若干倍，由于经济利益的引导，菜农千方百计地提早种植。在大棚套小拱棚的基础上，在上面又加一层覆盖物。经过测试，加盖不同的覆盖材料的保温效果有所差异。在小拱棚上加盖一层薄膜，保持与小拱棚有 40 cm 的空间，由于大棚内的空气流动很小，覆盖物的固定就很简单，只要用铁丝拉好架膜的框架，盖上薄膜就行。保温效果可以提高 2.5 ℃。早春使用时间很短（30 d 以内），薄膜保存得好可使用 4 年以上。由于不要求透光效果，可以用旧薄膜。经过计算，增加这层覆盖，连铁丝在内每亩不足 600 元。

如果用厚度为 80 g/m² 的无纺布，由于大棚内无风，直接贴盖在小拱棚上不需要固定，在大棚内的保温效果会更好，最低温度阶段测试，栽培畦可以增加 6 ℃。内覆盖的无纺布，每平方米的价格在 1 元左右。每亩需要不超过 800 m²，投资增加 800 元左右。妥善保存可使用 4 年以上，很大程度上提高了提早定植的安全系数。

（4）多层覆盖栽培辅助保护形式　大棚番茄早春栽培多层覆盖形式，在我国的京津地区，早春寒流来时，外界气温比中原相对要低，多层覆盖的栽培更有意义。现在使用最多的有 6 层覆盖物。就是在大棚外面加盖草苫，草苫上盖防寒膜，棚膜里面 20～30 cm 处使用二膜（保温幕），栽培畦上加盖小拱棚，栽培垄上覆盖地膜。当地菜农风趣地说：这叫里三层，外三层，早栽半月不受冻。河北省永年县在 2002 年 3 月上旬遇特大寒流，在当地最低气温下降到 –8 ℃ 的情况下，采用这种形式覆盖的大棚没有受冻害，比周边少一层草苫的大棚，效益提高了 3 倍。

70. 塑料大棚种植番茄一般采取什么栽培模式？

塑料大棚种植番茄栽培（图 18）模式多种多样。番茄栽培的模式一般来讲，在长江以北的平原地区，番茄生产多采用春提早栽培和秋延后促成栽培。宁夏、甘肃等西北地区，采用越夏遮阳栽培。云贵高原的低纬度地区，在春末、夏初做防雨栽培。

图 18　塑料大棚番茄栽培

71. 塑料大棚春提前种植番茄应该怎样选择品种?

选择早熟性好,既耐低温、弱光照,又耐热、抗病性强,株型紧凑,适于密植,商品性状优,经济效益好的品种。实践认为,目前生产中宜选择粉果棚冠 F1、西方佳丽、浙粉系列、沈粉系列、中杂系列早熟品种种植。

72. 塑料大棚春提前种植番茄怎样培育大苗?

塑料大棚春提前种植番茄,定植大苗是实现早熟高产高效的重要措施。首先要把握好播种期,一般苗龄要求 70～85 d,生理苗龄 7 片叶左右。位于东经 117°,北纬 32°左右的黄河中下游地区定植时间安排,播种时间可以安排在 12 月 25～30 日比较合适,其他地区要根据当地的经纬度来推算。其次要求用 10 cm×10 cm 的大号塑料营养钵进行育苗,保证单株有充足的营养面积和相对大的生长空间,培养出 8 叶 1 心现蕾大苗,缓苗期就会坐果,不会出现前期徒长现象。最后进行炼苗,番茄育苗时讲究适宜温度,在温室的苗床上没有经过风雨的吹打,抗逆能力很差,必须经过炼苗,炼苗的好坏是番茄春提前栽培成败的关键。

73. 塑料大棚春提前种植番茄怎么定植?

选择晴天的中午进行定植。提前一天把番茄苗从温室运到大棚里,进行适应性锻炼。锻炼时要预备好二层覆盖的东西,万一出现预计外的低温时,进行临时覆盖。定植时小心操作,避免伤根,不要把营养土块弄烂。方法是挖开定植穴,放进苗子以后,把周围的土封好就行(图 19)。不能用力挤压栽苗坑。实际调查中发现,由于有些人怕栽的土不实在,栽苗后由于用力挤压了根部,结果把番茄的营养土块挤压碎了,造成伤根,缓苗速度慢。和同一条件下不伤根的对比,上市时间晚了 4 d。每亩经济损失高达 1 200 多元。

番茄定植结束后,要及时浇定植水。定植水要浇足浇透。不要认为早春浇水足会影响地温提高。其实土壤的含水量相对多一点,它的总体容热量还会增加,夜间散温慢,平均相对地温会更高。浇水太少,在缓苗结束后,幼苗刚出现新生根群,这时的植株还没有完成营养生长和生殖生长的转化过程,土壤就会出现缺水现象。不及时浇水,干旱严重;浇水,则根系吸水能力很强,营养生长就会比较旺盛,从而导致营养生长和生殖生长不能平衡。虽然不会影响总体产量,但是前期植株以营养生长为主,势必降低前期产量。浇足定植水后,在番茄缓苗结束时,土壤正值适墒阶段,恰好进行营养生长,几天后,土壤进入干旱期,不要急于浇水进行蹲苗控制,让其完成生殖生长的转化,几乎每株都坐果以后进行浇水,使果和秧一起生长。这项技术使用得当,番茄前期产量会成倍增加。

图19 塑料大棚春提前番茄定植

74. 塑料大棚春提前种植番茄定植后如何管理?

塑料大棚春提前种植番茄(图20)定植后,应围绕湿度、温度、水肥以及叶面积的调控四个方面进行管理。

图20 塑料大棚春提前番茄

(1)湿度管理 大棚湿度的管理是围绕番茄生长的适宜湿度为中心,结合防病的湿度要求进行调控。特别是阴雨天气大棚的湿度管理,更是关系着侵染性病害的发病问题,更要特别注意。

1)晴天大棚的湿度调控。在露地生产上不是问题的事情,在大棚生产上却变成主要的管理中心。番茄生长适宜的相对湿度一般是70%左右,由于大棚在密闭状态下,土壤蒸发及叶片蒸腾的水分都集中在大棚的空间,使空间的湿度很快升高,经常处于饱和状态。在空气温度适宜、湿度较大的情况下,植株生长很快,但是由于植株自身细胞含水量大,干物质含量降低,对侵染性病害的抵抗能力下降,极易产生病害,必须进行人工调控。在大棚管理上,湿度的调控方法很有讲究。目前有人主张在太阳升起以后,大棚内雾气腾腾时先拉开风口排一会儿湿度再关上升温。从表面看来雾气是消散了,经过测试,实际上相对湿度并没有减少,空间的雾气是棚内的水珠刚刚在太阳光照射下开始的蒸发,这时打开通风口以后,温度又降了回去,一部分水蒸气被排到棚外了。但是,有很大一部分又在降温时重新结露,恢复原状了。另外,大棚在密闭的状态下,土壤和植株在一夜之间释放出大量的二氧化碳,在温度没有达到植株进行光合作用时,就拉开通风口排湿,没有排出多少湿度,却把有用的二氧化碳排放在棚外了,造成了二氧化碳气体的损失,因此这种排湿方法是非常不正确的。正确的湿度排放方法是,大棚温度上升到30 ℃时再拉开通风口,这时候大棚内植株上的水珠全部蒸发,空气中的二氧化碳基本消耗到大气含量的正常值以下,再加上棚内外有较大的温度差别,这时进行排湿的速度最快,效果也最好。这种操作方法不但能正确排放湿度,还能充分利用二氧化碳。

2)阴雨天大棚的通风及湿度调控 大棚番茄在早春栽培,阴雨天也必须通风。通风的目的并不只是为了排湿,另外一个目的是要把大棚空间的有害气体排出棚外。保护地施用了大量的有机肥,这些肥料在分解过程中会产生很多气体,其中除了二氧化碳气体以外,还有氨气、甲烷、亚硝酸等一大部分有害气体。在晴好天气时,夜间释放的这些有害气体,白天随着通风能顺利排到棚外,在阴雨天气时,由于土壤中的热量会以长波辐射的方式向外散温,同时带出来部分有害气体。这种情况下假如不通风,有害气体就会聚集在大棚内。据测定,有害气体浓度超过50 ml/m³时,番茄叶片就会受到危害,边缘开始失绿变黄。浓度在100 ml/m³时,叶片就会严重受害,边缘出现青枯。达到150 ml/m³时,整个叶片就会干枯。这些现象,很多人又当病害去防治,造成很大的经济损失。晴天的夜间大棚散温快,地面的热辐射多,有害气体浓度也高。阴雨天夜间降温相对要少得多,地面热辐射少,有害气体浓度就低。可是随着外界持续的降温,大棚放风时间缩短,地面辐射加剧,有害气体浓度随之增加。由此看来,阴雨天的通风更为重要。通风20 min后就会大幅度排出有害气体,所以阴雨天要求通风,特别是间断性通风0.5 h,是比较科学的。

(2)温度管理 早春大棚番茄定植以后,经过大温差的锻炼,抗逆能力很强,要想取得比较高的产量,在管理上不能拘泥在适温范围,必须根据番茄的形态指标进行温度调控。番茄正常的形态指标是,叶柄的开展角度与地面水平夹角呈30°～35°,生长量处于高峰值。小于30°时,叶片基本平铺地面,生长速度缓慢。大于45°时基本形成直立,营养生长速度过快,植株抗性开始下降。番茄形态指标的观察时间必须在11时前后,温度在28～30 ℃的情况下比较准确。具体调控的方法阴天、晴天不一样。

1)晴天大棚的温度调控 连续晴好的天气,番茄在28 ℃左右的情况下,叶片呈现直立现象时,说明温度比较高了,白天最高温度不要高于30 ℃,更主要的是适当降低夜间温度,加长白天的通风时间,下午可以晚一点关闭通风口。叶片与地面夹角小,是植株受寒的表现,要适当提高温度,白天可以是33～35 ℃的高温。下午及早关闭通风口,把大棚在傍晚的温度基数提高,掌握好时间,一般要求2～3 d的调控,就会好转过来。每天都要进行观察,以防从一个极端调控到另一个极端。据观察出现高温反应时,第一天高温,第二天就会发现植株出现不协调的现象。控制时,使用3 d降温措施,才能出现好转的迹象,但是,会停止生长1 d。为此建议调控时间确定为需要降温的时间为2 d,提温时间一般为1 d,就恢复常温管理为好。

2)阴雨天大棚的温度调控　阴雨天大棚的管理是有一定技巧的。由于阴雨天一般的气温都比较低,大部分管理是偏重以保温为主。其实阴雨天,番茄不会有多大的生长量,也不能温度太高,温度越高,在光照不足的情况下,植株自身的营养消耗就会越多。一般在白天阴天时,温度维持在15～18 ℃就行,夜间最低温度不低于8 ℃。相对要加强通风,没有在阴雨天冻死的番茄,不要只管温度不通风,造成不应有的危害。连续阴雨天气有转晴的迹象时,反而要加强保温措施。天晴以后第一天不能让棚温上升过快,提前拉开通风口,让温度缓慢上升。

(3)水肥调控　大棚早春番茄的水肥管理要谨慎。由于早春的光照和温度非常适宜营养生长,在没有坐果时浇大水施重肥,营养生长就会非常旺盛,生殖生长就会停滞,就会大幅度降低前期产量。再加上植株过于旺盛,栽培密度又大,行间很快郁闭,不但容易感染病原菌,还会导致植株早衰,影响总体产量和经济效益。因此,大棚栽培的水肥调控是高产高效的一项关键技术。

1)看植株浇水　大棚内的温度虽然比较高,土壤和叶片的蒸发量都相对较大,但是,由于空间有棚膜的保护,地面覆盖地膜,形成一个小气候循环系统,水分总的消耗量相对大田要小得多。定植以后,一般要浇足第一次的安家水。第二次浇水时,一定要等到番茄九成以上的植株坐果以后。生长点的3个新叶片,出现层次分明的黄绿、绿和深绿色,说明植株的营养生长已经完成了向生殖生长转化的过程,才能浇第二次水。如果浇水过早,这个过程没有完成,就会出现营养生长的快速发展,生殖生长相对就会滞后,虽然总体产量也比较高,前期产量就会明显下降。目前在实际生产中,不少技术员习惯用露天种植的浇水方法,浇完定植时的安家水以后,在很短时间内又浇一次缓苗水。植株徒长以后,又使用矮壮素等药物进行化控,结果是费力花钱不落好。

2)看果浇水　番茄在早春大棚栽培,浇水就要看果了。盛果期的水分需求量比较大,对膨果也最为重要。是否应该浇水,必须观察番茄果实的发育情况。根据各地高产的浇水经验总结,番茄浇水的诊断指标是,用手去轻握一下正在膨大的幼果,有黏手和果体有松软感觉时,说明该浇水了。不缺水时,用手握幼果的感觉是光滑并有顶手感觉。

观察时间:观察时必须是在晴天的中午,温度在28 ℃以上,通风口已经拉开的情况下进行。早上或阴雨天植株不出现缺水现象,不能作为观察时间。15～17时,由于植株的蒸腾作用,正处于水分含量最低状态,观察的指标也不准确。

观察位置:在大棚内观察的地点要有代表性,正常要选择3个以上的诊断点,一般认为最有代表性的地点是,把大棚分成4小段,去除棚边选择等分的3个结合点,在结合点的栽培行中间部位,作为观察点最为科学。

3)看天浇水　早春大棚浇水必须选择适当的天气和时间。早春外界气温不稳定,经常有很大的变化。基本到浇水的时间时,首先注意天气预报,要选择在未来3天内是晴好的天气,无大的寒流经过本地区时进行。浇水时间最好选择在11～15时。外界环境的最低气温超过10 ℃时,一天内浇水的时间可以放宽。如果进入初夏以后,外界环境成为高温阶段以后,每天的浇水时间又要放在傍晚或夜间了。每次浇水的量不要太大,每亩每次一般控制在 20 m³ 左右比较合适。不论在哪一段时间,阴雨天气都不能浇水,以防空间湿度过大,引发侵染性病害的发生。

4)看叶色追肥　大棚早春栽培,要求有足够的土壤肥力,不断再追施化学肥料,促使番茄高产。但是,追肥必须是适量安全的。一次过多,导致土壤浓度过高,不但不会增产,还会影响植株的正常生长。施肥前最好进行土壤养分化验。1994 年贾普选在河南省滑县做过土壤检测,番茄在土壤养分总含量高于 1 200 mg/kg 时,不能再追化肥。否则,就有抑制植株生长的可能。一般速效的氮、磷、钾在 450 mg/kg 总含量时,追肥的利用率最高,效果也最明显。在没有化验设备的情况下,要观察植株的叶色变化情况。这个变化是微弱的,稍不注意就分辨不清。在叶的边缘处变化比较明显。缺乏养分时,叶片边缘绿色变淡,颜色透黄是缺钾症状,氮素缺乏会有浅绿症状。用来作养分指示指标的植株,不要造成叶片上有药害,以便观察准确。

5)看结果量追肥　番茄在观察叶片色泽不清,或把握不准时,可以根据番茄结果量把握追肥量。根据检测时间的产量记录,一般是结两穗果就需要追一次肥料。每次每亩一般使用尿素 7.5 kg。现在使用的冲施肥,每亩每次使用 15 kg 比较合适。

(4)叶面积的调控　根据番茄高产田的实际调查,叶面积指数在 3.5 ~ 4 时比较合适。多余的叶片,要及时剪掉。一般功能叶的寿命不超过 60 d,超龄叶在剪叶时要首先去掉。剪叶要选择晴天的下午,在保持通风的状态下进行。上午剪叶时,容易造成伤流严重。阴雨天伤口愈合速度慢,并容易感染灰霉病,不能剪叶。

75. 塑料大棚春提前种植番茄怎样防治落花落果?

(1)适时定植　避免盲目早定植,防止早春低温影响花器发育。定植后白天温度应保持在 25 ℃,夜间在 15 ℃,促进花芽分化。

(2)加强肥水管理　干旱时及时浇水,积水时应排水,保证植物有充分营养,合理整枝打杈。

(3)激素处理

1)涂抹法　应用 2,4 - D 浓度为 10 ~ 20 mg/kg,高温季节取浓度低限,低温季节取浓度高限。首先根据说明书将药液配制好,并加入少量的红或蓝色染料做标记,然后用毛笔蘸取少许药液涂抹花柄的离层处或柱头上。这种方法需一朵一朵地涂抹,比较费工。2,4 - D 处理的花穗果实之间生长不整齐,成熟期相差较大。使用 2,4 - D 时应防止药液喷到植株幼叶和生长点上,否则将产生药害。

2)蘸花法　应用番茄丰产剂 2 号或番茄灵时可采用此种方法。番茄丰产剂 2 号使用浓度为 20 ~ 30 mg/kg,番茄灵使用浓度为 25 ~ 50 mg/kg,生产上应用时应严格按说明书配制。将配好的药液倒入小碗中,将开有 3 ~ 4 朵花的整个花穗在激素溶液中浸蘸一下,然后将小碗边缘轻轻触动花序,让花序上过多的激素流淌在碗里。这种方法防落花、落果效果较好,同一果穗果实间生长整齐,成熟期比较一致,也省工、省力。

3)喷雾法　应用番茄丰产剂 2 号或番茄灵也可采用喷雾法。当番茄每穗花有 3 ~ 4 朵开放时,用装有药液的小喷雾器或喷枪对准花穗喷洒,使雾滴布满花朵又不下滴。此法激素使用浓度及效果与蘸花法相同,但用药量较大。

（4）番茄人工辅助授粉　番茄花粉在夜温低于 12 ℃、日温低于 20 ℃时，没有生活力或不能自由地从花粉囊里扩散出去。如果夜温高于 22 ℃，日温高于 32 ℃，也会发生类似情况。有些品种花柱过长，在开花时因柱头外露，而不能授粉。番茄植株有活力的发育良好的花粉，通过摇动或振动花序能促进花粉从花粉囊里散出，并落到柱头上，从而达到人工辅助授粉的目的。摇动花序或支柱的适宜时间为 9～10 时。当花器发育不良，花粉粒发育很少时，同时采用振动花序和激素的方法，比单独使用激素处理，保花保果效果更好。激素要在振动花序 2 d 后处理，否则会干扰花粉管的生长。如果植株没有有生命力的花粉产生，那就必须采用激素处理。在人工辅助授粉的基础上，如果保花保果困难，则要使用坐果激素处理花序。番茄保花保果应注重正常的授粉受精，乱用坐果激素将影响品质。

（5）加强番茄花期栽培管理　番茄保花保果除了培育壮苗，花期人工辅助授粉，以及使用坐果激素等措施外，还要加强花期的栽培管理。开花期的适温为 25～28 ℃，一般在 15～30 ℃时均能正常开花结果。如果温度低于 15 ℃或高于 33 ℃就容易发生落花落果。番茄是强光植物，光照不足也会造成落花落果。开花期土壤不能干燥，要湿润，空气湿度也不能过高或过低。高温干燥或低温高湿及降水易引起落花落果。开花期一般不灌大水。番茄是喜肥作物，要保证肥水充足。番茄从第一果穗坐果始，营养生长和生殖生长同时进行，如果植株体内营养供应不足，器官之间就会引起养分的竞争，易使花序之间坐果率不均衡。栽培上可通过疏花疏果、整枝打杈、摘叶摘心等措施，人为调整其生长发育平衡，以促进保花保果。开花期除上述栽培管理外，根外喷施磷酸二氢钾或植保素等叶面肥也有利于保花保果。花期二氧化碳施肥，也可提高坐果率。开花期还应注意病虫害防治。

76. 塑料大棚越夏种植番茄管理有哪些要点？

番茄为喜光喜温作物，生长期间对水分要求较多，管理好番茄的越夏栽培（图 21），提高产量，可以获得较高的经济效益。塑料大棚番茄越夏管理有以下几个要点：

（1）尽量降低温室温度　夏季外界温度很高，棚内温度在 40 ℃以上。此时，除了加强通风外，还应采取遮光、喷水等措施，降低棚内温度。棚内可以安装喷灌系统，在大棚骨架的中央每隔 5 m 左右有一个喷头，喷头上的挡板受到水的冲击不但摆动，使得棚内每个位置都能喷到水，这种叶面喷水的方式对于降温十分有效。若安装这种专业喷灌设施成本较高，也可将冬季浇水用的微灌设施安装上，不过要保证小孔朝上，水流向外喷出，这样也能起到较好的降温作用。

（2）整枝打叶要合理　高温季节为了降温，遮阳网是必不可少的，但使用遮阳网后也容易导致植株徒长，茎往往比较细弱，通过连续摘心换头进行曲干整形，可以调节植株长势，更适合越夏番茄栽培。整形的枝叶茂密，茎粗壮。

（3）适时晚留果，先行培育壮棵　很多种植户认为夏季温度高，可以多留果。但是，植株下部留果过多，导致营养消耗过大，会严重影响茎叶和根系的生长，导致从土壤中吸收的营养供应不足，光合产物积累少，番茄后期的开花坐果就会大受影响。植株下部留果不宜过多，若植株茎比较细弱，去掉第一穗花，先培育壮棵，之后再多留果。摘除第一穗果的原因有二：一是留住第一穗果容易坠住棵子，不利于高产；二是因为育苗期温度高，该穗往往花芽分化不良，结出的果多为畸形，商品性差。若植株长势比较健壮，第一穗果可以留 2～3 个，第二穗果留 3～4 个，第三穗果留 4 个，向上果穗可留果 4～5 个。

图21　塑料大棚越夏种植番茄

77. 塑料大棚秋延后种植番茄怎么确定育苗时间?

塑料大棚秋延后番茄播种期要求十分准确,播种期提早,露地番茄生产没有结束,卖不上好价钱。播种时间过于向后推迟,长江以北的大棚主要生产区,到 11 月 20 日左右会遇寒潮。根据多年来的栽培经验来看,一般要求在 7 月 20 日前后比较合适。番茄的生长与果实成熟,不是按日历时间计算的,是根据有效的积温和光照的积累数量决定。由于 7 月一天有效积累比低温期一天要多得多,有人做过统计,以 7 月 20 日为轴心日,提早一天播种可以提前 6 d 采收。

78. 塑料大棚秋延后种植番茄怎样降温育苗?

秋季番茄苗期正值高温多雨季节。育苗必须采用遮阳降温、防雨措施和严格的护根措施。

(1)遮阳棚的使用　番茄秋季育苗使用遮阳棚,和其他品种育苗的管理方法不一样,番茄遮阳育苗的目的是避开强光和降低温度。遮阳网的遮阳率要求在 45% ~50% ,遮阳率高,致使光线弱番茄苗子会很弱,遮阳率低又起不到需要的遮阳效果。另外遮阳网使用,要在 10 时强光时遮上,17 时后揭掉。阴天不盖遮阳网。目前育苗普遍存在一个问题,就是一盖到底,育苗床建造时就盖上,一直到育苗结束才去掉,这样操作很难培育壮苗。经研究认为,遮阳网在夜间阻挡了地面的长波辐射,影响了地面的散温。必须采取措施,进行定时揭盖管理,阴天不盖遮阳网,以确保秋季的壮苗培育成功。

(2)护根育苗　番茄秋季栽培护根育苗很重要。由于栽培前期正值高温多雨季节,移栽一旦伤根,土壤中的病原菌和病毒就会趁着伤口进入根部进行繁殖,造成根部及早发病。生产实践认为,秋季栽培用为 10 cm×10 cm 塑料营养钵效果最好。

(3)及时补充水分　番茄秋季高温育苗,除了外界环境高温营养土的蒸发量加大以外,叶片在高温情况下,蒸腾作用也在加强,最容易出现缺水现象,导致番茄植株新陈代谢停滞,病毒毒素也会大量积累,从而诱发病毒病。番茄秋季育苗的成败关键在于水分的补充,决不能为了控制旺长采取控水的错误办法。经过对比试验,番茄采取控水育苗,定植后不发棵,根系伸长很慢,形成老化植株,基本没有产量。究其原因是,番茄根系在高温缺水的条件下,木栓化速度最快。一旦形成木栓化的根系,自身就无法继续发展,影响番茄植株的生长和产量的形成。育苗要求一天早晨与傍晚 2 次补水,每次补水量为 600 g/m²。幼苗达到 3~4 片叶时就要及时移栽。

79. 塑料大棚秋延后种植番茄怎样整地施肥?

番茄根系虽然比较发达,由于秋季的地温高,营养吸收能力会受到限制,必须多施有机肥来增加土壤的透气性和营养缓冲能力,并增加矿物质营养元素,满足番茄高产的需求。有机肥要求使用充分腐熟的植物秸秆堆肥、鸡粪、牛马粪或猪粪和人粪尿。鸡粪、猪粪和人粪尿要加入铡碎的稻草、麦秸、玉米秸或食用菌废料混合充分发酵后使用。每亩使用量不少于 15 m³。通过多施有机肥,加快改良土壤的团粒结构和理化性能。大量的有机肥在土壤中分解时,释放较多的二氧化碳,增强了番茄的光合作用。矿物质元素使用一般是每亩施硫酸钾 50 kg,过磷酸钙 100 kg,尿素 40 kg。施肥的方法是普施和埂下施结合,具体操作是在整地前把 80% 的基肥撒在地面上,深耕 20 cm 以上,充分耙细耙匀。起垄前把剩下的肥料集中均匀地撒在埂下,再每亩用敌克松 2 kg 拌在 20 kg 的细土撒在垄下。按行距 130 cm 起垄,垄宽 50 cm,沟宽 80 cm,深 20 cm。把起好的垄用铁耙子蹚平,打碎土坷垃。在每条垄背两边按株距 28 cm 打孔,孔的大小基本比营养土坨的直径大 2 cm。准备工作做完以后,等待适时定植。

80. 塑料大棚秋延后种植番茄什么时间定植好? 如何定植?

(1)适期定植　大棚秋延后栽培番茄,强调适时定植。按番茄生理苗龄要求,定植苗达到 4 片叶为定植适期。

(2)定植方法

1)浅定植　番茄秋季定植一定要浅,菜农总结为露坨定植,见图 22。由于秋季定植后,外界高温多湿,定植时把下胚轴埋在土里以后(菜农叫埋脖栽),在高温高湿的情况下,容易发生茎基腐病害,造成大量死苗。菜农总结说:秋季番茄栽得深,就是不死也发昏。看来这一点是已经被菜农所认识。

图 22　塑料大棚秋延后种植番茄

2) 选择晴天下午或阴天移栽　番茄在早春一般选择晴天定植。到了秋季,往往认为选择阴天比晴天下午定植好。经过对比试验,阴天定植的效果远不如晴天下午。阴天定植后,当时看来不缓苗,阴天过后,缓苗时间更长,失水现象更严重。晴天下午移栽的番茄,第二天缓苗基本完成,第三天就会开始生长。另外,阴天或雨天移栽的苗子,植株的抗病能力较弱。原因说法不一,暂时没有定论。

3) 浇足定植水　番茄定植结束以后,就要及时浇定植水。定植水要浇足浇透。

4) 及时浇缓苗水　压根水浇过 3~4 d 后,再浇 1 次缓苗水。二次进行浇水的作用一是秋季气温高,土壤蒸发量大;二是可以有效地降低地温,增加土壤水分,有利于加快缓苗。一般沙质土要早浇,黏土地可以晚浇一两天。为此缓苗水浇水时间以安排在早晨或傍晚最好。浇水量不要太大,掌握浇后 10 min 左右,畦面的水渗完为好。一般浇水量达到每亩 30 m³ 就会达到应有的效果。

81. 塑料大棚秋延后种植番茄定植后水肥怎样管理?

塑料大棚秋延后种植番茄生长期短,施肥应以基肥为主。在施足基肥的前提下,生长期的肥水管理应掌握"一控、二重、三喷、四忌"的原则。一控:控制定植后至坐果前这段时期的追肥。除植株明显表现缺肥外,一般情况只施一次清淡的粪水作催苗肥。这段时期严禁重施氮肥,氮肥过多植株组织不充实,也容易感染病害。二重:番茄果实长至核桃大小时,应随水亩施腐熟人粪尿 2 000 kg。三喷:秋番茄追肥最好以叶面肥为主,可用 0.2% ~ 0.25% 的磷酸二氢钾在叶面喷施。四忌:忌高浓度追肥,忌湿土追肥,忌在中午高温下追肥,忌过于集中施肥。对于水分管理要特别慎重,水分管理的原则是"宁干勿湿"。在坐果前,只要植株不发蔫,土壤不过干就不要浇水,番茄最忌漫灌,遇到秋涝年份,要注意及时排水,切忌畦面积水。

82. 塑料大棚秋延后种植番茄什么时候上棚膜合适?

在 7~8 月,天气炎热,要尽量加大通风量,不需要上棚膜。9 月以后,外界气温下降,要根据气候变化情况,及时覆盖棚膜。一般在外界最低气温下降到 8 ℃时,就要准备盖棚膜,适当提温催果壮秧。

83. 塑料大棚秋延后种植番茄扣棚后怎样管理?

塑料大棚秋延后种植番茄,薄膜覆盖以后的初期管理很重要。番茄必须进行一段时间锻炼,才能进入常规的大棚管理。以后就要调控好空间的温度和湿度。

(1)覆盖薄膜后的过渡期管理　薄膜覆盖以后,大棚温度不能一下升到 30 ℃以上,番茄会因为加快呼吸作用,降低抗病能力,甚至会促进植株老化。必须要有几天缓慢升温的过渡时间。根据栽培经验,覆盖的第一天,不但要加大通风口昼夜通风,还要放底风一段时间,每天棚温逐步上升 3 ℃左右比较合适,逐步提高管理温度。正常情况下需要有 5 ~ 7 d 的过渡时间后,才能进入正常的棚室管理。

(2)大棚密闭后的温度管理　经过几天时间的过渡以后,白天温度保持在 28 ~ 30 ℃,晚上 12 ℃左右,比较适宜。阴雨天气光线不足,温度也不会太高,一般维持在 18 ~ 20 ℃即可。在这种温度指标下,观察番茄的生长势,如果坐果比较多,生长速度比较慢,可以提高

2～3 ℃的管理温度。要是坐果较少,植株生长比较旺盛,叶片有直立现象时,就要降低夜间的温度。要根据番茄生长情况对温度进行调控。

（3）通风管理 大棚通风的调节作用有三个:一是利用通风来降低大棚空间的温度。番茄适宜生长的温度白天26～30 ℃,夜间16～20 ℃,一般在棚温上升到28 ℃时开始通风,通风口要由小到大逐步加大,晴好的天气温度比较高时,要在大棚的两坡面都拉开通风口,让空气对流,提高降温的效果。在操作时一般是先拉开顶缝通风口,温度再升高时,再拉开坡面的通风口。在晴天刮大风时棚温也会升高,通风口不能在迎风面开放,要在背风的一面开放通风口,以免大风直接吹进大棚里面,造成不应有的损失。二是排湿。在温度不太高湿度又比较大时,就要排湿,大棚中间顶缝的排湿效果最好。经过测试,顶缝扒开不超过20 cm的缝隙,在秋季基本没有降温作用,但是排湿的效果比较好。根据这种情况,一般掌握降温拉开坡面缝,排湿以使用顶缝为主。三是排放有害气体。前文已经讲过,有害气体的浓度超标以后,番茄叶面就会受害。有害气体由于阴雨天气地温高,土壤向空间进行长波辐射散温,把土壤里的有害气体大量带进空间。所以越是阴雨天气,越需要通风排气。时间不要太长,一般每天通风30 min就可以。阴雨天主要是拉开顶缝通风。

（4）肥水管理 大棚薄膜覆盖以后,由于不能大量向外散发湿度,番茄浇水的次数明显减少。一般有7～10 d才浇水1次。为了减少空间湿度,一次的浇水量要减少30%左右。化肥的使用更要小心,不要因为浇水次数少了,一次就要多追一些。由于薄膜覆盖以后,化肥在转化过程中,会产生大量的氨气散发不出去,积累在空气中。掌握好不要一次大量地追肥,否则,会造成肥害。

84. 塑料大棚秋延后种植番茄怎样保证坐果?

（1）药剂授粉 开花期间,夜温低于13 ℃,或高于22 ℃都会发生大量落花。用0.01～0.025‰的2,4 - D药液浸花,温度低时浓度高些,反之,浓度低些,可有效防止落花,提早10～15 d成熟,增加早期产量。

（2）振动授粉 保护地内利用手持振动器在晴天上午对已经开放的花朵进行振动,促进花粉散出,落到柱头上进行授粉,见图23。

图23 振动授粉

（3）熊蜂授粉　番茄花期长,每亩放2箱熊蜂。番茄开花初期,将蜂群在傍晚时分轻轻移入棚室中央或适当位置,蜂箱高于地面20~40 cm,蜂箱门向东南方向,易于接受阳光,静止10 min后,把蜂门打开,见图24。放蜂期间不要施农药,同时避免强烈振动或敲击蜂箱。

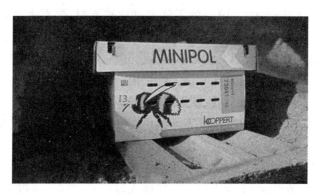

图24　熊蜂授粉

85. 塑料大棚秋延后种植番茄什么时候采收能提高效益?

当外界气温较低时,为防止果实受冻和影响储运,一定要适时采收。单层大棚华北地区11月上旬应全部采收完毕,否则会受冻;长江中下游地区可采收到11月下旬。如果大棚内套小拱棚,并在晚上覆盖草苫保温,可进行活体保鲜,待价出售。

小结:目前,塑料大棚种植番茄是我国重要的番茄种植和生产方式,每年的大棚番茄种植面积可占番茄种植面积的60%。塑料大棚亦称冷棚,在北方地区的气候条件下,塑料大棚以春、秋两季使用为主,单层塑料薄膜覆盖,增温保温效果比日光温室差,所以播种期和定植期要比早春温室番茄推迟1个月,比露地番茄提早1个月。在长江流域地区,利用普通塑料大棚内再加扣小拱棚并覆盖草帘的方式,可以越冬生产番茄。虽然大棚番茄种植对空气和土壤的水分要求较高,但大棚番茄相对于其他种植方式而言,具有不受季节限制、产量高、番茄生长期长和经济效益水平高的特点。

七、安全高效种好日光温室番茄

日光温室内部环境与露地环境相比,温度、空气湿度等环境因子相对较高,因此温室内便形成了特殊生产"小气候"环境,种植户在进行番茄生产时需特殊管理。本章主要介绍了日光温室栽植番茄的品种选择、育苗、定植、田间管理等技术,希冀对日光温室番茄生产有积极的指导意义。

86. 建造日光温室都有哪些要求?

一个好的温室,具有5点要求:一是透光性能良好,光照利用率高;二是增温快,保温性能良好;三是易于操作和通风排湿,便于管理;四是结构牢固,防风性良好,寿命长;五是易于建设,且投资较少。在建设时,因地制宜,应注意以下问题:

(1)选址 设计建设日光温室选地时,要注意选择那些地势高燥,大雨过后不积水,地下水埋深低于1 m,排灌条件良好,土壤肥沃,土质松散,透气性好,土层较深,保肥保水性能良好,且背风向阳,交通方便的地段(图25)。

图25 建造日光温室

(2)性能

1)跨度 温室的跨度是指自温室南部底脚起至北墙内侧的宽度。合适的跨度,配之以一定的屋脊高度,可以保证南屋面(前坡)有极大的采光角度,可保证作物生长有较大的空间,又便于保温,还便于选择建筑材料。如果跨度再大,高度无法再增加,南屋面角度变小,势必采光不好。另外,揭盖草苫困难,使保温效果下降,并提高建材造价。

2)高度 温室的高度主要是指屋脊的高度。它与跨度有一定关系,在跨度确定的情况下,高度增加,温室角度也增加,从而提高采光效果,进而增加蓄热量,弥补热量损失的一面。

3)长度 温室长度是指东西山墙之间的距离。长度太短,不仅单位面积造价提高,两边山墙遮阴面也大,影响产量;如果再长,室内温度不易控制一致,产品和生产资料运输也不方便。

4)角度 前屋面角是指前屋面与地平面的夹角,这个角度越大,前屋面与阳光的交角(投射角)越大,透过的光线也就越多,这样有利于冬季采光。后坡角是指后墙与地平面的夹角,后墙矮,后坡角度大,保温比大,冬至前后阳光可照到后坡内表面,有利于保温,但室内外作业不方便;后墙高,后坡角度小,保温比小,保温差些,但室内外作业方便。

(3)覆盖物 日光温室的外覆盖物主要由透明覆盖物和不透明覆盖物组成。透明覆盖物要采用透光、无滴、防尘、保温性能良好,且具有抗拉力强、长寿的多功能复合膜。比较好的有聚乙烯长寿无滴膜、三层共挤复合膜、聚乙烯无滴转光膜、乙烯-醋酸乙烯三层共挤无滴保温防老化膜、聚氯乙烯无滴膜等。日光温室不透明保温覆盖材料主要指的是草苫和保温被,草苫主要是用稻草或蒲草制作而成,保温被主要是用棉花和防雨布料制作而成,其宽度为120~150 cm,长度主要根据日光温室跨度而定。

(4)辅助系统

1)输电系统 输电系统包括电杆、高低压线、变压器、开关(闸刀)、照明、加温、抽水机组、卷帘机组等组成。作用是道路、作业间、温室内及交易场所的照明,灾害性天气来临时加温(包括苗床育苗电热线)、补光、抽水及卷放草苫(保温被)等。

2)灌溉系统 在日光温室中应用灌溉设备,不仅要注意系统的简便易操作性,而且还应注意系统的完整性。最基本的要具备保证不能堵塞滴头、喷头、渗管的水过滤器及能方便追肥的施肥装置。根据不同的作物、土质和栽培方式,选用不同的灌溉类型。实践证明适用于日光温室的灌溉方式主要有4种类型:微喷、地下暗灌、滴灌和渗灌,无论何种方式都要配置水塔使用。

3)二氧化碳气体补充系统 二氧化碳的不足是目前日光温室番茄增产的重要限制因素之一。天气寒冷时温室密闭较严,二氧化碳消耗较多,但又得不到室外二氧化碳的补充。因而使蔬菜处于二氧化碳的饥饿状态,严重地影响着光合作用,限制了产量和品质的提高。寒冷的冬季,通风可以从大气中补充二氧化碳,但也会导致室温的下降,会影响作物的正常生长。因此,在温室中配置二氧化碳增施装置,补充二氧化碳是十分必要的。

4)卷帘机系统 温室机械卷帘技术是随着设施农业发展而兴起的。目前,新型节能温室的保温覆盖材料主要是保温被及草苫,采用机械卷帘可在3~6 min完成一次卷铺工作,比人工提高工效10~25倍,每天增加光照时间2 h。所以电动卷帘机是新型节能温室的一项主要配套设施。

5)施肥与喷药系统 日光温室作为工厂化农业的雏形,管网灌溉已被有关部门列为重点推广的新技术,在我国中北部日光温室集中生产区已创造了良好的经济效益和社会效益。依据流体力学原理,利用管网系统的自身能量,在日光温室配置管网灌溉自动施肥和施药系统,对于提高日光温室生产的自动化水平意义重大。

87. 日光温室番茄都有什么茬口安排? 播种期怎么确定?

日光温室番茄茬口安排分为:早春茬栽培,主要供应期在3月早春;秋冬茬栽培,主要供应期在11月初冬;越冬一大茬栽培,主要供应期在元旦至春节。

(1)早春茬播种期确定 日光温室的环境条件相对比较好,定植时间早晚不是问题。关键问题是前茬作物的收获时间早晚。早春茬栽培的番茄,最好采用大苗定植,才能提早上市。一般按日历苗龄计算需要80 d左右,生理苗龄8~12片叶。

(2)秋冬茬播种期确定 日光温室秋冬茬生产的播种期不太严格,主要是根据茬口安排的收获时间来确定。一般秋冬茬番茄的定植以小苗为好,苗龄只要30~40 d,就是在前茬作物结束前30~40 d开始育苗即可。

(3)越冬一大茬播种期确定 日光温室越冬一大茬番茄播种时间必须安排合理。播期过早,植株在越冬前生长量过大,虽然前期产量较高,但是,在低温期植株越大,它的耐寒能力相对就越弱,植株容易早衰,到翌年的产量很低,总体效益不会很高。播种期过晚,植株在越冬前很小,虽然翌年产量很容易达到高峰,但是在春节期间,市场需求量最大,价格最好的时期没有产量,会对效益有较大的影响。如何掌握适宜的播种期,是日光温室越冬栽培成败的关键。根据多年来的栽培经验,一般能在春节前开始上市的效果最好。这一段育苗时间需要40 d,定植后需要110~120 d果实才能转色。这样计算郑州地区安排播种时间在8月25日前后比较合适(图26)。

图26　日光温室越冬一大茬番茄

88. 日光温室越冬一大茬番茄苗期怎样进行管理?

日光温室越冬一大茬番茄苗期处在高温、强光、多雨季节,后期转入温室生长,特殊的环境条件要求必须做好病毒病预防工作。

(1)进行种子病毒钝化处理　在清水中将种子浸泡2~3 h后用1%高锰酸钾或10%磷酸三钠浸种20 min。

(2)搭遮阳棚育苗　遮阳棚上覆盖遮阳网防强光、暴雨,避免病毒病的发生。

(3)必须配合防虫网　遮阳棚四周加护窗纱防虫网预防蚜虫、白粉虱的危害。

(4)小苗分苗防病毒　小苗在吐心后,第一片真叶长有0.5 cm时就可分苗。分苗床采用遮阳棚,分苗时注意不能缺水,以免对根系引起伤害诱发病毒病。

(5)其他措施　幼苗期注意分期补水接墒,覆土保墒并促发不定根。进行化控防徒长,并且不控水,防高温干旱诱发病毒病。育苗中后期防止遮阳过重形成徒长。

89. 日光温室越冬一大茬番茄定植后怎样进行管理?

日光温室越冬一大茬番茄定植后,经过几天时间的高温密闭番茄缓苗以后,就要进行正常管理。定植后,尽量保持较高的温度,以利缓苗。不超过30 ℃不放风。缓苗后白天控制在20~25 ℃,夜间15 ℃。进入结果期,白天25~30 ℃,尽量延长26 ℃时间,夜间13~22 ℃,尽量延长18 ℃的时间,以促使果实快长,减少呼吸消耗,增强光合作用与同化功能。在12月至翌年1月,外界温度极低的情况下,应采取一切措施,如加厚保温覆盖物;适当早盖、晚揭草苫;改善光照条件,提高室内温度;室内加设二道幕;临时增设火炉等;来尽量提高温室内的温度。保证室内夜间最低温度不低于8 ℃。进入初春,随着外界气温的升高,逐渐加大通风量。夜间防冻,日间防高温灼伤。

90. 日光温室越冬一大茬番茄坐果期之前如何管理?

日光温室越冬茬番茄,坐果期之前正处在光照弱的季节,即使是晴天,后部2 m左右光照强度也不可能满足番茄正常生长发育所需要的光照强度。因此,增加光照强度是挖掘后部增产潜力的重要措施。坐果期之前要求温度白天 20～25 ℃,夜间 12～14 ℃,棚内空气相对湿度应保持在 60%～65%。阴天最低温度不低于 8 ℃,低于 8 ℃应采取其他措施升温。番茄植株达到一定高度时,就必须插架,架条可用竹竿、吊蔓以减少遮光。日光温室越冬一大茬番茄生育期较长,整枝方法是主蔓留 3 穗果摘心,然后选留一个最壮的侧枝,再留 3 穗果摘心,每株番茄共结 6 穗果。每次摘心都要在第三花序前留 2 片叶,摘心宜在第三花序开花时进行。越冬一大茬番茄开花期难免遇到阴雨和灾害性天气,温度偏低,光照不足,影响授粉受精,导致落花,需要用激素处理。常用 2,4 - D 蘸花,浓度为 10～20 mg/L;或用番茄灵喷花蕾,浓度为 25～40 mg/L,低温时浓度高些,高温时浓度低些。

91. 日光温室越冬一大茬番茄中后期的管理技术有哪些?

(1)水肥管理　日光温室越冬一大茬番茄中后期每坐稳一穗果追肥 1 次,追肥种类和数量为,12 月至翌年 3 月,每次每平方米追硝酸磷肥 20 kg + 尿素 10 kg;4 月以后气温、地温升高,植株长势及根系吸肥能力加强,棚室内积累的磷、钾肥,在较高温度下,可转化为速效磷、速效钾肥,因此,只追氮肥,不再追磷、钾肥,每亩施尿素 10 kg。每坐稳一穗果浇水 1～2 次,进入 5 月以后,空气蒸发力加强,应视土壤墒情及植株需水状况,加大浇水量,并缩短浇水周期。

(2)补施二氧化碳气肥　二氧化碳是番茄进行光合作用制造养分必不可少的主要原料之一,也称之为气肥。冬季低温季节,为了保温,温室内常处于相对密闭状态,日出后随着植株光合作用的增加,温室内二氧化碳被植株消耗,浓度下降很快,在不放风的情况下显著低于露地浓度。二氧化碳施肥关键是在上午。二氧化碳施肥期间切勿放风,防止二氧化碳散逸到室外,这与将温室严密封闭提高室温措施相一致。晴天光照充足要重视二氧化碳施肥,阴天寡照可以不施用。

(3)植株调整　日光温室越冬一大茬番茄中后期,植株相对生长速度较快。要及时打掉下部的老叶和病叶。一是减少老叶的遮光,二是可以减少老叶上存留的病菌染病,三是喷药方便。在打掉老叶时,为了减少番茄植株的伤流,尽快愈合伤口,必须在晴天的下午,植株本身营养回流时段进行。番茄的每一个叶腋都会萌发侧芽,并且生长速度比较快,几天后就会和主蔓生长点平齐,要尽早拿掉。侧芽生长得越大,营养浪费就越多,造成不必要的营养消耗。

(4)适时落蔓　利用番茄茎部半木质化的特点,选在晴天下午茎不易折断时落蔓(图27)。每株插一根 1 米长的竹竿,竹竿的上端系一根塑料吊绳,吊绳上端系在专设的南北向钢丝上(也可全用竹竿)。除前沿第一组外,竿和绳总高度约 2 m。每 6 株为 1 组,每株下部收获 3～4 穗果,单株高度约 2 m 时开始落蔓。每组从南向北第一株沿地面匍匐到第三株基部并绑在竹竿上,再将植株上半部斜绑在第四株竹竿上,并绑上、下两道,使植株直立,同时摘除近地面的叶子。第二株绑在第四株竹竿基部,上部斜绑在第五株竹竿上,同样方法第三株绑在第五、第六株上。第四、第五、第六株则倒过来从北往南以同样方法落蔓。落蔓后,拉破匍匐茎下地膜,使茎紧贴地面,上压湿土,待长出不定根后,植株生长量和抗逆性将大大增强。

(5)及时采收　番茄越冬一大茬栽培,由于结果时间早晚不同,成熟不会集中。番茄着色后不采收,它会在植株上进行后熟。后熟对养分的需求虽然很少,但是也会直接影响其他果实的膨大。经过多次试验,着色果实及时采收,和在植株上后熟不采收的产量对比,后者减产17%左右。及时采收这项措施,日光温室1亩可以多卖1 500元以上,值得推广。

图27　日光温室越冬茬番茄落蔓

92. 日光温室越冬一大茬番茄怎样保障安全无公害生产?

日光温室越冬一大茬番茄的生产过程必须符合国家关于无公害生产的有关规定。这里要求番茄生产者和经营者必须从播种、栽植到管理,从收获到初加工全程严格按照有关标准进行,科学合理使用肥料、农药、灌溉用水等农业投入品。禁止使用剧毒、高毒、高残留和致癌、致畸、致突变的农药及其复配制剂,控制使用高效低毒、低残留农药及其他化学品(包括肥料和激素等)。此外,还要控制好使用量、使用时期及使用方法,并要认真做好生产档案纪录。

93. 日光温室番茄早春茬怎样培育大龄壮苗?

日光温室番茄早春茬栽培,定植大苗是实现早熟高产高效的重要措施。要求用10 cm×10 cm的大号塑料营养钵进行育苗。保证单株有充足的营养面积和相对大的生长空间,培养出8叶1心现蕾大苗。缓苗期就会坐果,不会出现前期徒长现象。定植后肥水足攻,基本可以提早上市7～10 d。

94. 日光温室番茄早春茬定植前都需要做什么准备?

(1)及早清理前茬作物　一般早春茬番茄在日光温室栽培,大多有前茬作物。在生产上应该分清主茬和副茬。如果把番茄作为主茬,副茬作物一定要为主茬让路,保证主茬定植时间。抓紧时间上市前茬产品,前茬的产品在能上市的情况下,就要及时收获,不能拖延时间。捡净植株的残留收获后,要把地面上的残叶、烂株清理干净,防止前茬的病株埋在土里,感染番茄植株。分批整地本着清一畦翻一畦地的原则,把时间尽量向前赶。

(2)棚室消毒　日光温室番茄早春茬的栽培,大多是为了抢早定植(图28),采用一边清理前茬作物一边整地定植,这种方式不能熏烟消毒,可采用土壤消毒的方法。每亩用50%多菌灵可湿性粉剂1.5 kg+10%吡虫啉可湿性粉剂0.5 kg混合后在地面撒匀后进行翻地。

(3)定植前幼苗处理

1)浇水　番茄苗定植前要浇一次透水,以满足幼苗移栽以后的水分需求。一般用洒水壶浇洒1遍,喷水时要加入0.1%的速效化肥。经过试验,营养钵、育苗盘的苗子由于营养土少,按土块苗使用的0.5%的化肥,往往出现烧根现象。

2)喷药　在移栽前苗床喷药是生产操作的惯例。一般用代森锰锌600倍液加入0.5%尿素混合后全株进行喷洒。喷洒时间安排在15~17时,这时的植株整体干燥,吸收速度快,效果好。

3)锻炼　锻炼就是囤苗,也叫蹲苗。目的是控制生长量,增加植株干物质含量,提高植株的抗逆能力。这个过程非常重要。方法是,浇水后白天在加大通风量的情况下,尽量提高苗床温度,并使夜间的温度降到5~8 ℃,时间要求4~5 d。需要注意的是,炼苗一定要在浇足水后进行,防止干锻炼造成回根现象。

图28　日光温室早春茬番茄定植

95. 日光温室番茄早春茬田间管理有什么要求?

定植后外界气温回升,光照逐渐增强,但要注意通风管理,防止高温危害。这时白天温度控制在25~30 ℃,夜间温度在15~20 ℃,以防止秧苗徒长。番茄在花期对温度比较敏感,低于15 ℃高于30 ℃都不利于开花、授粉和受精。在结果期白天温度控制在25 ℃左右,夜间控制在15 ℃左右,昼夜温差以10 ℃左右为宜,温度低会使果实生长缓慢,温度过高会影响果实着色。

在第一穗果坐住后及时吊蔓,及时摘除底部叶片,以改善通风条件,降低各种病害发生的概率。番茄生长过程中需水量大,浇水时在寒冷的冬季不宜漫灌。在果实长到核桃大小的时候开始浇水施肥,以后视植株的长势和天气状况,摘1茬果实浇1次肥水。在番茄生长前期,病害比较少,主要是防止早疫病、灰霉病等病害的发生。

96. 日光温室番茄秋冬茬育苗时间怎么确定?

日光温室的环境条件相对比较好,定植时间早晚不是问题。关键问题是前茬作物的收获时间早晚。一般秋冬茬番茄的定植以小苗为好,苗龄只要 30 ~ 40 d,就是在前茬作物结束前 30 ~ 40 d 开始育苗即可。

97. 日光温室番茄秋冬茬怎样整地施肥?

(1)施肥原则　施肥原则是以有机肥为主,化肥为辅,配方施肥,分层施肥。以地分级,以级定产,以产定氮,以氮定磷、钾,以磷、钾肥定微肥。

(2)施肥用量　日光温室秋冬茬番茄底肥的施用量,每亩施氮 20 kg,五氧化二磷 50 kg、钙镁磷肥各 50 kg,硫酸钾 50 kg、硼酸 1 kg、硫酸锌 1 kg,现阶段北京地区施肥标准为施腐熟鸡粪 15 m³/亩、山东省寿光市 20 m³/亩左右,并辅以一定数量的化肥。若无鸡粪,可用棉籽饼 500 kg、草粪 10 m³ 代替,基本可满足亩产 10 000 kg 番茄对底肥的需求。结合整地全田全耕层均匀施入。实践证明,秋冬茬番茄,每底施 1 kg 纯鸡粪,就可收获 1 kg 商品番茄。

(3)整地原则　畦面平坦,上虚下实,无明暗土坷垃,深度为 35 cm 左右。

98. 日光温室番茄秋冬茬什么时间定植?

日光温室秋冬茬按番茄生长发育对环境条件的要求,定植时最低地温必须稳定在 13 ℃以上。按照生理苗龄要求,定植苗达到现花蕾时就是定植适期。黄淮地区一般 9 月上中旬定植,10 月中旬始收,春节过后拉秧,比塑料大棚秋延后番茄供应期长 50 ~ 70 d。

99. 日光温室番茄秋冬茬怎样防高温和低温障碍?

(1)高温障碍　日光温室秋冬茬番茄(图29),常发生高温危害。幼苗症状表现为幼芽烫伤或幼苗灼伤,是育苗期的生理病害,它不同于猝倒病或疫病,一般在无育苗经验的情况下容易发生,并且会误认为猝倒病。病状是幼苗接近地面处变细倒伏、萎蔫、干枯。幼苗灼倒的苗畦,表土往往疏松干燥,覆土厚薄不一,多发生在晚播育苗的阳畦里。播种较晚,天气已暖,中午又不注意通风,畦温和表土地温达 45 ℃以上时,由于土表干松、灼烫,会造成幼苗与土接触的嫩茎部发生高温烫伤而死亡。番茄整株在遇到 30 ℃的高温时,会使光合强度降低;叶片受害,出现褪色或叶缘呈漂白状,后呈黄色。发病轻的仅叶缘呈灼伤状,发病重的波及半叶或整叶,最终萎蔫干枯。至 35 ℃时,开花、结果受到抑制;40 ℃以上 4 h,夜间高于 20 ℃,番茄植株营养状况变坏,就会引起茎叶损伤及果实异常,引起大量花果脱落,被太阳直射的果实有日灼现象,而且持续时间越长,花果脱落越严重。果实成熟时,遇到 30 ℃以上的高温,番茄红素形成减慢;超过 35 ℃,番茄红素则难以形成,表面出现绿、黄、红相间的杂色果。高温干燥时,叶片向上卷曲,果皮变硬,容易产生裂果。当日光温室温度超过 30 ℃时就应及时通风、浇水和喷水,防止高温危害,并注意幼苗出土前后的通风锻炼及整株期的遮阳。喷洒 0.1% 硫酸锌或硫酸铜溶液,可提高植株的抗热性,增强抗裂果、抗日灼的能力。用 2,4 - D 浸花或涂花,可以防止高温落花,促进子房膨大。

(2)低温障碍　日光温室秋冬茬番茄遇到连续10℃以下的低温,幼苗外观表现为叶片黄化,根毛坏死;内部导致花芽分化不正常,容易产生畸形果。温度在5℃以下时,由于花粉死亡而造成大量的落花。同时授粉不良而产生畸形果。如果温度在-1~3℃,番茄植株就会冻死。所以,当有寒流出现时,应加强保暖措施,防止冻害的发生。

图29　日光温室秋冬茬番茄

100. 日光温室番茄秋冬茬植株怎么调整?

日光温室秋冬茬番茄多数时间处在高温环境中,植株生长速度较快,要及时对植株进行调整。打掉下部的老叶和病叶,一是减少老叶的遮光,以方便喷药;二是可以减少病叶上存留的病菌染病。

(1)选择晴天打老叶　在打掉老叶时,为了减少番茄植株的伤流,尽快愈合伤口,必须在晴天的下午,植株本身营养回流时段进行。上午操作效果不太好,更不能在阴雨天进行。

(2)去叶留柄　番茄在打掉老叶时,在植株叶片过于茂密时,把茂密的叶片从叶柄的中间把叶片剪掉一半,另一半留在植株上,可以减少造成行间郁闭。

(3)支架或吊秧　秋延后番茄生长前期温度高,湿度大,植株生长旺,茎较细软,坐果后会发生植株倒伏现象,所以要及时支架或吊秧。

小结:日光温室在我国有些地区又称为冬暖式大棚,它主要是利用太阳光给温室增加温度,从而实现冬季喜温性蔬菜生产的目的。日光温室番茄栽培技术的核心是:选用采光保温性能优良的日光温室,选择适宜品种,培育适龄壮苗,增施有机肥,垄作覆地膜,暗沟灌溉,变温管理,降低湿度,改进整枝技术。日光温室种植番茄,既丰富了淡季蔬菜的市场供应,又增加了农民的经济收入,已成为农民致富增收的一条有效途径。

八、番茄生产应对不利气候的策略

　　气候条件对番茄的生产影响较深,其中温度、光照条件的影响尤为重要。由于各地气候因素的影响,经常面对不利于番茄生产的灾害性天气。本部分内容主要介绍了番茄生产在应对干旱、多雨、低温、雾霾、冰雹、大风等不利气候的预防与补救措施,为番茄的生产提供了必要的参考依据。

101. 露地番茄自然灾害发生前后应该怎样预防与补救?

(1)霜冻　番茄露地定植,一般都在终霜期过后,地温稳定通过 15 ℃时进行,如河南郑州一般在 4 月 20 日前后。但也有特殊情况,一般每隔 10 年左右,会有一年在平均终霜期过后偶尔出现霜冻现象。轻霜冻时间短暂,一般对锻炼好的强壮幼苗不会造成大的危害;但超过 3 h 以上的 0 ℃低温,危害极大。应根据天气预报和积累的宝贵经验,做好防霜冻准备,一般有以下几种方法:

1)覆盖法　将地膜、薄无纺布(40 g/m²)、棚膜、厚无纺布(50 g/m²)轻轻贴苗畦盖上,在两端畦埂上用泥、泥块或砖等较重物压上。地膜、薄无纺布可防御 0 ℃低温,棚膜、厚无纺布覆盖,一般 −1.5 ~ −1 ℃低温可安全避过,−2 ℃以下低温,个别贴紧薄膜处嫩叶会受冻害,但不会有大的冻伤。

2)灌水法　霜冻来临之前灌 1 次水。通过灌水,一方面增加土壤湿度,增大土壤热容量和比热值,使夜间土温下降缓和,另一方面利用灌水后,菜田空气中水汽凝结于植物体上,放出凝结潜热,抵消植物体的热损失,从而缓和植株体温的下降。此外,在夜间形成霜冻时,如空气中的相对湿度增加,由于植株的蒸腾作用减小,因而植物体的热量损失减少,从而起到保温的作用。实践证明,灌水后一般能躲过 0 ℃的霜冻危害,特别是灌井水效果更好。

3)补救　万一大的寒流来临,造成冻害发生,使番茄秧苗全部冻死,有后备秧苗可重新定植,也可改种其他蔬菜。轻度冻害可加强管理,及时中耕、追肥、灌水,一般可以较快恢复。

(2)旱害

1)运水点浇　有些地方旱地种番茄,定植后较长时间不下雨或水浇地灌溉机械出现了故障一时维修不好,应从别的地方运水点穴浇灌。

2)中耕保墒　由于中耕能切断或减弱土层的毛细管联系,使下层土壤水分向上输送减少,对土表蒸发的水分供应减弱,表土变干后,蒸发耗热减少,因而表层温度增高,土壤水分降低,而下层则温度降低、湿度增大,故有保墒效应。

(3)涝害　番茄一般积水 10 h 左右即会逐渐死亡。防涝的方法除采用小高畦或小高垄栽培外,也要在下水头挖沟排除积水。一般平畦栽培要做到"两灌一排",即两段地块之间,从两头灌水,中间挖一条深 60 cm 以上的排水沟。暴雨时将畦端田埂掘开,让水流入排水沟内,再通过大排水沟排出,万一无排水设施,也应立即用人工排出或用抽水机排水。

(4)雹灾　华北地区春季和秋季栽培的番茄,在 5 ~ 8 月都可能会遭遇冰雹的危害,严重时会将植株打碎造成绝产。一般轻度雹灾前半期影响较小;中度雹灾叶片大部被打碎,大部分生长点被打断,有的只剩叶柄和侧芽。天晴后应先粗中耕 1 次,土壤干爽后再细锄几次,然后再每亩追施 8 ~ 10 kg 尿素,灌小水,促使侧芽尽快萌发生长,并继续多次中耕,加强管理,一般可获得较好的收成。如结果后半期遇到大的严重雹灾,要抢时间改种,如速生菜等,避免遭受大损失。

102. 保护地番茄生产如何应对大风天气?

保护地番茄生产遇到大风天气,当棚膜有鼓起现象时,要立即拴紧压膜线或放下部分草帘压在温室前屋面的中部。覆盖棚膜时临时起风的情况经常发生,一旦薄膜展开以后刮起大风,要保护薄膜不被刮坏,可以把展开的薄膜每幅中间捆上几道,固定在骨架上,等风停时再重新开始。压膜线不能从一端开始。薄膜展开以后,压膜线必须按上述操作规程实施。有不少大棚覆盖薄膜以后,压膜线从一端压起,到最后的1/3以后薄膜紧得压不下去,造成薄膜的两头松紧不一样,后压线的一头薄膜受力过大,一旦遇到外界的强大冲击力,薄膜就会破烂,图30。

图30 大风天气后的大棚

103. 保护地番茄生产如何应对暴风雪天气?

保护地番茄生产遇到暴风雪天气,要及时把草帘卷起,天晴后立即清扫棚膜上的积雪,温室中坡较难清扫的部位,用光滑的木棍轻轻往下刮,尽量不划破棚膜。夜间降雪更要注意及时清除草帘上的积雪,应提前用塑料模把草帘包好,防止草帘吸水,造成棚体负担过重而使拱架垮塌或倒塌。

(1)及时采收、抢收 及时采收、抢收部分可上市番茄,避免冻害和雪压。

(2)清沟排水,防止渍害 温室大棚生产基地要开深大棚外围沟,做到沟沟相通,雨停水干,降低棚内湿度,促进根系稳健生长,防止雨雪倒灌进大棚造成田间渍水,影响生长。

(3)做好覆盖保温,防止出现冻害 温室大棚采取多层覆盖保温措施,夜间加盖无纺布、遮阳网等,使夜间棚内温度保持在10℃以上,以防植株萎根。有条件的最好在大棚内覆盖干稻草,晚间起保温作用,白天起降湿作用。为提高未定植秧苗的质量,必要时安装白炽灯进行补光增温,防止徒长形成高脚苗,增强植株抗性。

(4)加强秧苗管理 低温阴雨雪天气适当推迟播种育苗和移栽,待天气转好利用中午温度较高时播种育苗或移栽秧苗,提高壮苗率和成活率。有条件的可采取电热线加温育苗,下垫薄膜等隔热层,上搭小拱棚并进行多层覆盖保温。持续雨雪天气要利用中午温度相对较高时揭膜见光,天气晴好后做到早晚勤揭勤盖。对死亡的幼苗要及时补播、补种,确保生产用苗。

(5)加强病害防治　重点防治猝倒病、灰霉病、疫病、根腐病等病害。阴雨雪天气,湿度高,应当尽量减少喷洒农药,可采用烟熏灵、一熏灵等烟熏剂防治。但烟熏剂在幼苗上要慎用,以防药害。药剂喷防应抢晴天进行,同时应及时清除枯枝黄叶、病叶、病果,并移出棚外。

(6)科学通风,防萎蔫和有害气体危害　连续阴雨天气下,温室大棚中午前后要适当通风换气,排除有害气体危害。连续阴雨或下雪后突然转晴,要适度反复通风,防止揭开不管而造成植株生理失水萎;晴好天气后,上午要及时揭除大棚内的覆盖物,棚温升至25 ℃左右时,要在大棚背风处通风换气,控制棚温在30 ℃以内,防氨气等有害气体危害,降湿度防病害。

(7)灾后及时补充营养促生长　晴好天气及时喷施叶面营养液,以增强植株抗寒性,促进其尽快恢复生长;发僵、冻害严重的植株,用芸薹素等进行根外追肥,长势较弱的植株,选用氨基酸类营养液等进行根外追肥。

104. 保护地番茄生产如何应对强降温天气?

保护地番茄生产在应对强降温天气时,要始终保持温室内温度在12 ℃以上,以保根、保秧、保存活为主。保温增温的措施有如下措施:①要求草毡有一定厚度,特别是致密性好。②用透光、保温性好的聚氯乙烯农膜,并经常清扫农膜。③有条件的,应在后墙和两山墙加挂反光幕。④增加草毡外的防雨保温塑膜,即浮膜覆盖保温。浮膜覆盖是日光温室深冬生产番茄时,傍晚放草帘后在草帘上盖上一层薄膜,一般用聚乙烯薄膜,幅宽相当于草帘的长度,厚度为 $0.07 \sim 0.1\ \mu m$,周围用装有少量土的编织袋压紧。⑤设置保温幕。即在温室顶部、后墙、棚前各设置一层薄膜,膜与膜的衔接处用夹子夹牢,形成室中二次覆盖。冬季晴天时顶棚的二次膜拉开,晚上和连续阴雪天可封闭二次膜保温。⑥必要时采取人工加温措施,当棚温降至6 ℃,10 cm 地温降至10 ℃以下时,要采取人工加温,可烧无烟玉米芯或木炭、焦炭加温。

105. 保护地番茄生产如何增强光照?

番茄是喜光作物,在光照时间短、强度低的冬春季节,保护地番茄易受弱光危害,使其生长受到阻碍,从而影响其产量和品质。为增加番茄的光照,可采取如下措施。

(1)合理布局　番茄移栽定植时,力求苗大小一致,植株生长整齐,减少植株之间的遮光。同时以南北向做畦定植为好,使之尽量接受阳光,尽量避免互相遮挡现象。

(2)保持棚膜洁净　棚膜上的水滴、尘土等杂物,会使透光率下降30%左右。因此,要经常清扫,以增加棚膜的透明度,下雪天应及时扫除积雪。

(3)选用无滴薄膜　无滴薄膜在生产的配方中加入了几种表面活性剂,使水分子从薄膜面流入地面而无水滴产生。选用无滴薄膜扣棚,可增加棚内的光照强度,提高棚温。

(4)合理揭盖草帘　在做好保温工作的前提下,适当提早揭去保温用的草帘和延迟盖帘,可延长光照时间,增强光照。一般太阳出来后 $0.5 \sim 1\ h$ 揭帘,太阳落山前 $0.5\ h$ 再盖帘。特别是在时雨时停的阴雨天里,也要适当揭帘,以充分利用太阳的散射光。

（5）设置反光幕　用宽2 m、长3 m的镀铝膜反光幕挂在大棚内北侧使之垂直地面,可使地面增光40%左右,棚温提高3~4 ℃。此外,在地面铺设银灰色地膜也能增加植株间的光照强度。

（6）搞好植株整理　及时进行整枝、打杈、绑蔓、打老叶等田间管理,以利于棚内通风透光。

106. 番茄生产中遇到连续雾霾寒冷天气怎么办?

在寒冷的冬季,雾霾天气常常侵袭我国大部分地区,不仅给人民群众带来了生活不便和健康危害,而且还严重影响了冬季蔬菜安全生产。要积极采取应对措施加强番茄安全生产,做好在雾霾寒冷天气情况下的防灾和减灾。

（1）"抢光"管理　选用性能优良的棚膜,并及时更换。要选用透光率高、流滴性好、耐污染性强的EVA膜、PO膜等多功能复合棚膜;棚膜一定要平展,如果盖膜时棚膜有褶皱,就会有水流出现,增加空气湿度,降低光照强度。雾霾天气,棚膜污染严重,要经常擦拭,清除掉膜上吸附的杂尘碎屑;也可以在棚面拴挂无静电布条,布条在棚膜上均匀分布并随风吹拂来除去棚膜杂屑,省工省时效果明显。雾霾消退,及时拉卷棉被、草苫;遇到雾霾严重,寒冷的天气,中午也要揭开覆盖物,至少保证3 h以上的见光时间;拉起保温覆盖物,棚室内温度有所降低,如不持续降温超过2 ℃,即可拉起保温覆盖物,争取多进光。温室内多实行吊蔓管理,调整好架蔓之间的宽窄距离,同一架蔓株间调整好高度、株距,以利植株充分见光,避免遮挡光线。

（2）人工补光　宜选用LED灯(图31);生物钠灯和沼气灯(图32),促进植株生长和结果。用聚酯镀铝膜反光幕等增强光照,在温室后屋面处或走道南侧,东西方向张挂1.5 m宽的反光幕,不要挂在后墙处影响墙体蓄热散热功能,可有效调节温室后部的光照环境,以保证雾霾寒冷天气下植株光合作用的正常进行。

图31　LED灯

图32　沼气灯人工补光

（3）实行增温措施　采用埋设电热线加温提高地温，选用 120 m 长，功率为 1 000 W 的电热线，埋设于畦面 10 cm 深处，每亩用 11 根电热线，要经常检查电热线是否加热，由于电热线埋于地下容易老化，最好 1~2 年更换 1 次。遇到极端天气，棚室内可使用空气加热线、热风炉、沼气灯、浴霸灯泡等进行增温，也可临时生火炉等释放热量，但要注意烟害，以防植株受到伤害。

（4）做好保温工作　对保温薄弱部位及早采取防寒保温措施，重点是温室要做好前屋面、南侧底脚、四周地面、门口和通风口等部位的防寒保温，及时修补破损棚膜，放风口要盖紧合严，重点进出口要设内外吊帘，谨防冷风吹入。保温材料质量要好，草苫、棉被上加盖浮膜，采用多层覆盖技术，在温室内加设小拱棚，拱棚外覆膜，在温室下方 20 cm 处，再覆盖二道薄膜，形成保温隔寒层，还可在小拱棚内增覆一层地膜，在温室中形成 4 层覆盖。及时开闭风口调节温度，晴天尽量提高棚内的温度，严格把握放风时间。放风时，风口要小，时间要短，减少热量损失。上午根据外界情况适当放风 10~30 min，随后将风口关闭，中午待棚内温度上升至 32 ℃时再开始放风，并密切关注棚内温度变化，当棚内温度低于 25 ℃时及时关闭风口。增加后坡和后墙保温材料，保温覆盖物适当早盖，棚室尽多地储备热量。若草苫或保温被过薄应采取覆盖双层草苫或保温被来加强保温效果，夜晚一定要盖严，后窗用稻草、树叶等保温性好的材料堵好封严，不留空隙。

（5）植株管理　幼苗定植后采取一天低温管理，另一天高温管理的方法，利用冷热交替的环境变化来提高植株的抗寒性，并及时中耕松土，提高地温，增加土壤透气性，促进根系生长。剪除黄叶、病叶和密集枝蔓，拔除过密的植株。要及时去除侧枝和下部的老叶、病叶，加强通风，改善作物群体间光照条件；及早疏掉过多的幼果和畸形果，集中营养，保证产品商品性，在不良的环境下争取高效。另外在果实成熟后及时采收，以免坠秧。

107. 连阴雨雪天气骤晴，番茄植株萎蔫怎么办？

我国华北平原以北，在冬春季节连续阴雨天时间长，有时会达 20 d 左右，番茄的根系在保温条件好的时候虽然没受冻害或寒害，但是功能基本处于停滞状态，活性很低。天气骤晴,棚温急剧升高,植株叶片在高温条件下,蒸腾作用强,这时的地温没有升起来,根系活性很低,不能吸收和提供上部需要的营养和水分,植株上部就会出现失水现象,番茄植株出现萎蔫。遇到天气猛晴的情况以后,早上揭开草苫子,在温室的空气温度上升到20 ℃时,植株叶片就会开始萎蔫,这时就要把草苫子放下来,遮住太阳光。过1个多小时后,再把草苫子拉开,叶片再度萎蔫时,再回放草苫子。如此反复进行多次,直至植株在强光下不出现萎蔫后停止回苫。在揭开草苫子叶片萎蔫时,也可以在叶片上喷清水补偿叶片失水现象。

108. 怎么防除设施内结露?

冬春季节棚室环境密闭,再加上番茄需求水分量比较大,如果棚室内空气湿度过大,造成结露,会导致发生灰霉病、菌核病、晚疫病等病害,严重影响番茄产量。因此,农民朋友在进行农事操作时,可采取以下措施。

(1)通风换气　将棚室内湿气排除,换入外界干燥的空气。这是最简单的除湿方法,但要处理好保温与降湿的关系。

(2)选用优质无滴膜　无滴膜可以克服膜内附着大量水滴的弊端,明显降低湿度,且透光性能好,有利于增温降湿。

(3)地膜覆盖　地膜覆盖可以大大降低地面水分蒸发,减少灌水次数,从而降低空气相对湿度。

(4)采用滴灌或渗灌　滴灌、渗灌除了具有省水、省工、省药、省肥,防止土壤板结和使地温下降的优点外,更重要的是可以有效地降低因浇水而造成的空气相对湿度加大。

(5)膜下滴灌　它综合了地膜覆盖和滴灌的共同优点,是降低棚内湿度的有效措施。其方法是地面起高垄,然后在高垄中央放上滴灌管,再覆盖地膜。

(6)粉尘法及烟雾法用药　棚室内必须施药时,若采用常规的喷雾法用药,必然会加大棚内湿度,这对于防治病害不利。

(7)高温降湿　早晨揭毡后,一般情况下不要通风。在不伤害作物的条件下,尽量提高温度,以降低湿度,当温度升高到作物所需适宜温度时,开始通风。

小结:为防范灾害性天气对番茄生产造成损害等不利影响,各地要密切注意天气变化,加强生产管理指导,采取防灾减灾措施,最大限度降低灾害性天气对番茄生产的不利影响,确保市场供应和正常生产。特别是在冬春季节番茄生长期间,应通过多种途径及时了解天气变化,积极采取相应的增温补光、保温降湿等措施,切实做好设施番茄生产在灾害性天气情况下的防灾和减灾,将损失降到最低,以确保高产量、高质量、高效益。

九、番茄生产中常见生理病害及安全防治技术

番茄生理病害的发生率近年来呈上升趋势,主要危害果实与叶片,严重影响产量与品质。本部分内容主要介绍番茄常见生理性病害症状、病因以及综合防治技术措施。

109. 番茄筋腐病是怎样产生的,如何防治?

番茄筋腐病是一种常见的生理病害,尤其冬、春季设施栽培发病较重。筋腐病有褐变型、白变型,如彩插 1 所示。

(1)症状　褐变型筋腐病会造成果实的病变部位变褐,凸凹不平,果肉僵硬,果皮内的维管束变褐、坏死,一般下部病果比上部多。白变型筋腐病会造成果实的病变部位呈白色,有蜡质光泽,质硬,着色不良,剖开病果,病变多在果皮部分,果肉正常。

(2)发病原因　碳水化合物积累不足而氮素过量,代谢的中间产物不能及时转化,造成积累中毒。生产中,灌水过多或地下水位高,土壤透气差,发病较重;施肥量大,特别是氨态氮肥施用过多,发病较重。连阴天气、棚膜老化、结露、密植、强行摘心等,都会加重发病。同时发病与品种也有很大的关系。

(3)防治方法　选择不易发病的品种。在栽培中要尽量避免日光不足、多肥、土壤供氧不足等现象,尽量增强光照,合理稀植。氮肥的施用量,特别是氨态氮的施用量要适当,不能盲目多施,同时做到不缺磷钾肥。要保持土壤的含水量适宜,在低洼地上的温室大棚要注意排水,实行高垄或高畦栽培,一次的灌水量不能过多。

110. 番茄脐腐病是怎样产生的,如何防治?

脐腐病俗称"黑膏药"病,多发生在膨大期的青果上。

(1)症状　初在果实的脐部出现水浸状斑,后逐渐扩大,致使果实顶部凹陷,变褐、变硬。严重时病斑扩大到半个果面,果实停止膨大并提早着色,病果表面缺少光泽,果形变扁。后期湿度大时腐生霉菌,产生黑色的霉状物。

(2)发病原因　发生脐腐病的直接原因是供给果实的钙不足,细胞膜崩解,细胞坏死。生产上多因不良栽培条件造成根系吸收钙素困难、株体内钙素运转差;地温过高或土壤干燥植株吸收钙离子困难;土壤中氮钾离子的浓度过高,而抑制了钙离子的吸收。另外,土壤呈酸性反应而使根系吸收钙离子困难等都会引起脐腐病的发生。

(3)防治方法　避免施用过多的速效氮肥,钾肥施用不宜一次过多。要适时灌水,均匀灌水,经常保持土壤湿润,避免土壤忽干忽湿。加强叶面喷施钙肥,叶面补钙多选用螯合钙和有机钙,5~7 d 1 次,连喷 3 次。

111. 番茄畸形果是怎样产生的,如何防治?

(1)症状　番茄周年栽培常发生的畸形果:菊花果、突指果、尖顶果、双子果等。

(2)发病原因　畸形果多因花芽分化不良造成,在番茄花芽分化及花器形成时遇到 5~6 ℃的持续性低温,生长停滞,而使营养物质过分集中地向花芽部分输送,导致花芽分化旺盛,心皮数过多,造成畸形果,如彩插 2 所示。早春茬番茄第一、第二穗果,容易发生畸形果。

(3)防治方法　冬季育苗,选用耐低温的品种。改善育苗设施,实行温床育苗、工厂化育苗。做好光温调控,培育抗逆力强的壮苗。苗床氮肥不宜过多,湿度不宜过大。

112. 番茄空洞果是怎样产生的,如何防治?

(1)症状 空洞果指果实内可见明显的空腔,多数果实外观有棱,断面呈多角形。

(2)发病原因 受精不良,花粉形成时遇到温度不适、光照不足等不良环境条件,造成花粉不饱满,不能正常受精,胚珠发育不完全而形成空腔。氮肥施用过多。激素蘸花用药浓度过大。使用了果实膨大剂,而植株的营养状况不能满足果实膨大的需要。夜温过高,植株徒长,光合产物不能顺利地运输到果实中去。

(3)防治方法 要根据植株的长势,及时疏果,合理留果。适时追肥,调节温光,供给充足的养分。做好以人工授粉为主,辅助使用植物生长调节剂。

113. 番茄日灼果是怎样产生的,如何防治?

(1)症状 果实被灼部位呈现大块褪绿白斑,表面有光泽,呈透明革质状,凹陷。不同果实病斑的大小、形状各异。后期病部稍变黄,表面有时出现皱纹,干缩变硬,果肉坏死,变成褐色块状,如彩插3所示。

(2)发生原因 果实上面无枝叶遮挡,阳光直射,引起果实局部温度过高,失水过多。果面结露更易发生,光照下露珠似凹镜,聚热伤果。土壤缺水、连阴骤晴、遭受蚜虫或病毒病危害、栽培过稀时加重此病。

(3)防治方法 合理密植;最上部果穗之后要留2~3叶摘心;加强肥水管理和防治病虫害,防止落叶,促使茎叶健壮生长。

114. 番茄裂果是怎样产生的,如何防治?

(1)症状 根据发生的部位和形态,可分为放射状裂果、环状裂果和条状裂果等3种。放射状裂果是以果蒂为中心呈放射状,一般裂口较深;环状裂果是以果蒂为圆心,呈环状浅裂;条状裂果是在果顶部位呈不规则的条状裂口。

(2)发生原因 引起裂果的原因是果皮过早老化,果肉膨大时,果皮不能同步膨大。主要是由于土壤水分供应不均,土壤长时间干旱,果皮伸张性减少;大水猛灌,果肉迅速膨大,加重果皮开裂;温度过高、光照过强影响果皮正常发育;钙硼肥供给不足,果皮弹性、韧性差。

(3)防治方法 供给土壤水分要均匀,谨防暴干暴湿;加大放风量,使用遮阳网,降高温、避强光;叶面喷施钙硼肥;果实喷洒新高脂膜,进行物理保护。

115. 番茄顶裂果是怎样产生的,如何防治?

(1)症状 在番茄果实的脐部及其周围,果皮开裂,有时胎座组织及种子外翻,使果实在成熟时脐部七翻八裂,俗称"开花"果,如彩插4所示。

(2)发生原因 番茄花器供钙不足,造成花柱开裂,产生顶裂果。植株缺钙时,体内的草酸不能形成草酸钙,而呈游离状态,从而对心叶、花芽产生损害,进而导致顶裂果的产生。

(3)防治方法 土壤不能过干,氨态氮肥、钾肥等不能施用过多,育苗时不能长期夜间低温,以免影响钙的吸收。番茄3~6叶期,叶面喷洒300~400倍液氨基酸钙2~3次,对控制顶裂果效果明显。

116. 番茄着色不良是怎样产生的,如何防治?

(1)症状　果实成熟时色不正或不呈红色而转变为黄褐色,口感差;或着色不均匀,红、绿相间。

(2)发生原因　氮肥施用过多,营养生长过盛,致果实生化成分转变速度慢,而不易着色,果实发青;钾肥不足,果实透红绿色;硼肥缺乏,果面呈黄红色。转色期遇低温,光照弱,果实的叶绿素分解酶活性降低,番茄红素合成少,胡萝卜素、类胡萝卜素含量比例增加,出现浅红、红绿、黄红、黄褐等不同颜色的果实。栽植密度过大,植株徒长或叶片相互挤压、遮蔽而影响了同化产物的生成能力,进而影响果实的成熟和上色。欲提早收获,乙烯利处理涂抹不匀,果实出现“花脸”。

(3)防治方法　增施有机肥,重视微肥,采用配方施肥技术,合理施用氮、磷、钾肥;转色期适宜温度白天 26 ~ 29 ℃、夜间 16 ~ 20 ℃,遇低温、弱光照天气要加强保温措施,必要时可用电灯补光;合理密植,根据定植地块类型、品种、拟上市期确定适宜的密度;乙烯利药液的处理浓度,一般为 1 500 ~ 2 500 倍液,温度高则浓度要低些。

117. 番茄缺氮的主要的症状是什么?如何诊断和防治?

(1)症状　植株矮小,茎细长,叶小,叶瘦长,淡绿色,叶片表现为脉间失绿,下部叶片先失绿并逐渐向上部扩展,严重时下部叶片全部黄化,茎梗发紫,花芽变黄而脱落,植株未老先衰,果实膨大早,坐果率低。

(2)诊断方法　氮肥施用不足或施用不均匀、灌水过量等都是造成缺氮的主要因素。但在一般栽培条件下,番茄明显缺氮的情况不多,要注意下部叶片颜色的变化情况,以便尽早发现缺氮症。有时其他原因也能产生类似缺氮症状,如下部叶片色深,上部茎较细、叶小,可能是光照的关系;尽管茎细叶小,但叶片不黄化,叶呈紫红色,可能是缺磷症;下部叶的叶脉、叶缘为绿色,黄化仅限于叶脉间,可能是缺镁症;整株在中午出现萎蔫,黄化现象,可能是土壤传染性病害,而不是缺氮症。

(3)防治方法　每亩每次追施尿素 7 ~ 8 kg 或用人粪尿 600 ~ 700 kg 对水浇施。也可叶面喷肥,用 0.5% ~ 1% 的尿素溶液每亩 30 ~ 40 kg,每隔 7 ~ 10 d 喷 1 次,连续喷 2 ~ 3次。在温度低时,施用硝态氮肥效果好。

118. 番茄缺磷的主要的症状是什么?如何诊断和防治?

(1)症状　番茄缺磷初期茎细小,严重时叶片僵硬,并向后卷曲;叶正面呈蓝绿色,背面和叶脉呈紫色。老叶逐渐变黄,并产生不规则紫褐色枯斑。幼苗缺磷时,下部叶变绿紫色,并逐渐向上部叶扩展,番茄缺磷果实小、成熟晚、产量低。

(2)诊断方法　番茄生育初期往往容易发生缺磷,在地温较低、根系吸收磷素能力较弱的时候容易缺磷;中期至后期可能是因土壤磷素不足或土壤酸化,磷素的有效性低引起的土壤供磷不足使番茄缺磷;移栽时如果伤根、断根严重时容易缺磷;有时药害能产生类似缺磷症的症状,要注意区分。

(3)防治方法　番茄育苗时床土要施足磷肥,每 100 kg 营养土加过磷酸钙 3 ~ 4 kg,在定植时每亩施用磷酸二铵 20~30 kg,腐熟厩肥 3 000~4 000 kg,对发生酸化的土壤,每亩施用 30~40 kg 石灰,并结合整地均匀地把石灰耙入耕层。定植后要保持地温不低于15 ℃。

119. 番茄缺钾的主要的症状是什么?如何诊断和防治?

(1)症状　番茄缺钾则植株生长受阻,下部的叶子叶缘变黄,以后向叶肉扩展,最后褐变、枯死,并扩展到其他部位的叶子,茎木质化,不再增粗,根系发育不良,较细弱,果实成熟不均匀,果形不规整,果实中空,与正常果实相比变软,缺乏应有的酸度,果味变差。

(2)诊断方法　钾肥用量不足的土壤,钾素的供应量满足不了吸收量时,容易出现缺钾症状。番茄生育初期除土壤极度缺钾外,一般不发生缺钾症,但在果实膨大期则容易出现缺钾症。如果植株只在中部叶片发生叶缘黄化褐变,可能是缺镁;如果上部叶叶缘黄化褐变,可能是缺铁或缺钙。

(3)防治方法　首先应多施有机肥,在化肥施用上,应保证钾肥的用量不低于氮肥用量的 1/2。提倡分次施用,尤其是在沙土地上。保护地冬春栽培时,日照不足,地温低时往往容易发生缺钾,要注意增施钾肥。

120. 番茄缺钙的主要的症状是什么?如何诊断和防治?

(1)症状　番茄缺钙初期叶正面除叶缘为浅绿色外,其余部分均呈深绿色,叶背呈紫色。叶小、硬化、叶面褶皱。后期叶尖和叶缘枯萎,叶柄向后弯曲死亡,生长点亦坏死。这时老叶的小叶脉间失绿,并出现坏死斑点,叶片很快坏死。果实产生脐腐病,根系发育不良并呈褐色。

(2)诊断方法　缺钙植株生长点停止生长,下部叶正常,上部叶异常,叶全部硬化。如果在生育后期缺钙,茎叶健全,仅有脐腐果发生,脐腐果比其他果实着色早。如果植株出现类似缺钙症,但叶柄部分有木栓状龟裂,这种情况可能是缺硼。如果生长点附近的叶片黄化,但叶脉不黄化,呈花叶状,这种情况可能是病毒病。如果脐腐果生有霉菌,则可能为灰霉病,而不是缺钙症。

(3)防治方法　在沙性较大的土壤上每茬都应多施腐熟的鸡粪,如果土壤出现酸化现象,应施用一定量的石灰,避免一次性大量施用铵态氮化肥。要适当灌溉,保证水分充足。如果在土壤水分状况较好的情况下出现缺钙症状,及时用 0.1%~0.3% 的氯化钙或硝酸钙水溶液叶面喷雾,每周喷 2~3 次。

121. 番茄缺镁的主要的症状是什么?如何诊断和防治?

(1)症状　番茄缺镁时植株中下部叶片的叶脉间黄化,并逐渐向上部叶片发展。老叶只有主脉保持绿色,其他部分黄化,而小叶周围常有一窄条绿边。初期植株体形和叶片体积均正常,叶柄不弯曲。后期严重时,老叶死亡,全株黄化。果实无特别症状。

(2)诊断方法　缺镁症状一般是以下部叶开始发生,在果实膨大盛期靠近果实的叶先发生。叶片黄化先从叶中部开始,以后扩展到整个叶片,但有时叶缘仍为绿色。如果黄化从叶缘开始,则可能是缺钾。如果叶脉间黄化斑不规则,后期长霉,可能是叶霉病。长期低温,光线不足,也可出现黄化叶,而不是缺镁。

(3)防治方法 增高地温,在番茄果实膨大期保持地温在15 ℃以上,多施用有机肥。如果发现第一穗果附近叶片出现缺镁症状,用0.5% ~1.0%的硫酸镁水溶液叶面喷雾,隔3 ~5 天再喷1 次。

122. 番茄氮过剩的症状是什么?如何防治?

(1)症状 番茄氮素过剩时,植株长势过旺,叶片又黑又大,下部叶有明显的卷叶现象,叶脉间有部分黄化,根部变褐色,果实发育不正常,常有蒂腐病果发生。

(2)防治方法 在日光温室等保护地密闭的环境条件下,施用铵态氮肥和酰胺态的尿素要深施到5 ~10 cm 的土层中。在低温、土壤消毒后,土壤偏酸或偏碱、通气不良等条件下,最好选用硝态氮肥,不宜用铵态氮肥。在施用氮肥时要注意补充钙、钾肥料,防止由于离子间的拮抗而产生钙、钾缺乏症。

123. 番茄磷过剩的症状是什么?如何防治?

(1)症状 磷过剩对微量元素和镁的吸收、利用,对蔬菜体内的硝酸同化作用均产生不利影响,还影响番茄多种微量元素的吸收。

(2)防治方法 菜田土壤中磷素富集也是菜田土壤熟化程度的重要标志,往往熟化程度越高的老菜田,土壤中磷素的富集量也越高。应当通过控制磷肥的用量防止土壤中磷素的过量富集,同时通过调节土壤环境,提高土壤中磷的有效性,促进蔬菜根系对磷素的吸收,改善蔬菜生长发育状况。

124. 番茄钾过剩的症状是什么?如何防治?

(1)症状 番茄钾素过剩时,叶片颜色变深,叶缘上卷,叶的中央脉突起,叶片高低不平,叶脉间有部分失绿,叶片全部轻度硬化。

(2)防治方法 番茄发生钾素过剩症状时,要增加灌水,以降低土壤钾离子的浓度。农家肥施用量较大时,要注意减少钾肥的施用量。

125. 番茄硼过剩的症状是什么?如何防治?

(1)症状 番茄植株在硼过多时,叶子初期和正常叶子一样,后来顶部叶子卷曲,老叶和小叶的叶脉灼伤卷缩,后期下陷干燥,斑点发展,有时形成褐色同心圆。卷曲的小叶变干呈纸状,最后脱落,症状逐渐从老叶向幼叶发展。

(2)防治方法 由于蔬菜需硼适量和过多之间的差异较小,对于硼肥的用量和施用技术要特别注意,以免施用过量造成毒害。在沙质土壤中,用量应适当减少。如果土壤有效硼含量过多或由于施用硼肥不当而引起对作物毒害时,适当施用石灰可以减轻毒害。此外,可以加大灌水量使硼元素流失。

126. 番茄锰过剩的症状是什么?如何防治?

(1)症状 番茄植株锰过剩时稍有徒长现象,生长受抑制,顶部叶片细小,小叶叶脉间组织失绿。老叶发生许多坏死叶脉,后期中肋及叶脉死亡,老叶首先脱落。

(2)防治方法 适量施用锰肥,或施用石灰中和提高土壤的pH,就可以有效地防止锰中毒症。在还原性强的土壤中,要加强排水使土壤变成氧化状态。

127. 番茄锌过剩的症状是什么?如何防治?

(1)症状 番茄植株当锌过多时生长矮小,有徒长现象,幼叶极小,叶脉失绿;叶背变紫。老叶向下弯曲,以后叶片变黄脱落。

(2)防治方法 可每公顷施用石灰 800 kg,配成石灰乳状态流入畦的中央。另外,磷的施用可抑制植株对锌的吸收,故可适当增加磷的施用量。

小结:番茄生理性病害是指番茄生长发育过程中由于缺少某种营养元素、受不良环境条件影响或栽培管理不当,导致生理障碍而引起的异常生长现象,如温度、湿度、光照、养分、空气、微量元素等不适而造成的。它没有传染性,但与传染性病害在一定条件下可以互相影响,生理性病害可降低植物对病原物的抵抗能力,从而诱发或加重传染性病害的严重程度。番茄生理性病害在番茄栽培过程中发生较为普遍,且经常诱发侵染性病害,因此,及时识别和防治番茄生理性病害是促进番茄生产、提高菜农收益的重要环节。

十、番茄生产中常见病虫害及安全防治技术

番茄生产受到病虫害危害的程度日趋加重,部分地区甚至出现了大面积减产的情况,严重影响了番茄的产量和品质。本部分内容主要介绍了番茄生产中常见病虫害的农业防治、物理防治、生物防治和化学防治等措施,以期提高产量和质量,保障安全生产。

128. 枯萎病怎样诊断和安全防治?

(1)诊断方法　该病多在番茄开花结果期发生。发病初期从植株距地面近的叶片萎蔫发黄,逐渐向上蔓延,白天发病,晚上恢复正常,反复多天至植株死亡。有的半个叶序或半边叶片变黄,剖开病茎,可见维管束变褐。湿度大时,病部产生粉红色霉层,如彩插5所示。

(2)防治方法

1)农业防治　选择抗病品种。实行3年以上的轮作。施用腐熟的有机肥,适量增施磷钾肥,提高植株的抗病能力。高垄或高畦栽培,实行滴灌或微喷灌。

2)药剂防治　种子消毒,用0.1%的硫酸铜浸种5 min,洗净后催芽,播种。护根育苗,管理中减少伤根。定植时,穴施枯芽孢杆菌生物菌肥;发病初期喷洒50%多菌灵可湿性粉剂500倍液,用10%的双效灵水剂200倍液灌根,每株灌药液100 mL,每隔7～10 d灌1次,连续灌3～4次。

129. 白粉病怎样诊断和安全防治?

(1)诊断方法　主要危害叶片。初期叶面散生白色霉点,逐渐扩大成白色粉斑,严重时互相联结成大小不等的白色粉状斑块,覆盖整个叶面,像撒上一薄层面粉。叶柄、茎部、果实等部位染病,病部表面也出现白粉状霉斑。

(2)防治方法

1)农业防治　选用抗病品种。

2)药剂防治　保护地栽培可用烟熏剂防治:45%百菌清烟剂3.75 kg/(公顷·次)。发病前或病害点片发生阶段及时喷药控制:15%粉锈宁可湿粉剂1 500倍液,或2%武夷菌素水剂120～150倍液,或25%乙嘧酚悬浮剂1 500～2 000倍液,或30%醚菌酯可湿性粉剂1 500～2 000倍液,交替喷施。施药采用淋溶式喷雾,叶片正反面都打透。

130. 茎基腐病怎样诊断和安全防治?

(1)诊断方法　该病主要危害大苗和定植不久的植株,初始番茄茎基部或地下主侧根出现暗褐色病斑,后绕茎基或根茎扩展,致使皮层腐烂,地上部叶片变黄、萎蔫,病斑绕茎一周,植株死亡。后期病部表面常形成黑褐色大小不一的菌核。幼苗定植过深、茎基部渍水、培土过高加重此病。

(2)防治方法

1)农业防治　培育壮苗,苗期防好立枯病。高垄或高畦栽培。定植时剔除病苗,不宜过深,培土不宜过高。

2)药剂防治　定植水后,茎基部及时喷淋药物,95%噁霉灵3 000倍液,或50%咯菌腈3 000倍液,或20%甲基立枯磷乳油1 200倍液。茎基部施用药土,每亩表土施用40%拌种双可湿性粉剂9 g,药、土混匀,围覆植株基部。

131. 根腐病怎样诊断和安全防治?

(1)诊断方法　主要危害番茄根部和根茎部位。病部初为水浸状,逐渐扩展凹陷,呈褐色至深褐色腐烂。病部不缢缩,其维管束变褐色但不向上发展。后期病部多呈糟朽状,仅留丝状维管束。初发病时,病苗似缺水状,中午萎蔫,早、晚恢复正常,随病情发展不能恢复而逐渐枯死。

(2)防治方法

1)农业防治　种植较抗病品种,培育无病壮苗,高畦栽培,密度适宜,精细定植,减少伤根。与非茄科蔬菜进行 2 年轮作,施用充分腐熟的粪肥,适当控制灌水,严禁大水漫灌。彻底清除病残体,于盛夏翻耕土壤,灌足水,覆地膜,让阳光晒 20 ~ 30 d,可有效杀灭土中病菌。

2)药剂防治　发病初期及时进行药剂防治,用 40% 乙膦铝可湿性粉剂 200 倍液,或72.2% 普力克可湿性粉剂 600 倍液,或 50% 甲霜铜可湿性粉剂 500 倍液喷雾,重点喷好植株茎基部和地面,同时用药剂灌根。

132. 煤污病怎样诊断和安全防治?

(1)诊断方法　番茄煤污病是大棚番茄的病害之一,一旦发病对产量和质量都有影响,主要危害叶片和果实。在叶片表面和果实表面起初时产生黑色小霉点,扩展后呈大小不等的黑点霉斑,严重时黑色霉覆满叶面和果实,果实上霉层薄,用手一抹可抹去,影响果实着色品质。

(2)防治方法

1)农业防治　环境调控,保护地栽培时,注意改善棚室小气候,提高其透光性和保温性,注意通风,保持棚内清洁。露地栽培时,注意雨后及时排水,防止湿气滞留。防止果面污染,及时防治害虫,谨防蚜虫、白粉虱的代谢产物污染果面;选用易被作物吸收的叶面肥,谨防大分子有机物污染果面。

2)药剂防治　发病初期可以采用以下药剂进行防治,70% 甲基硫菌灵可湿性粉剂 800倍液,或 75% 百菌清可湿性粉剂 600 倍液,或 50% 多霉灵 1 500 倍液。

133. 早疫病怎样诊断和安全防治?

(1)诊断方法　叶片发病初期,病斑为暗绿色水浸状小斑点,扩大后呈圆形或近圆形病斑,稍凹陷,边缘深褐色,上有较明显的同心轮纹。潮湿时,病斑上出现黑色霉状物,病叶常变黄脱落或干枯致死。茎部受危害时呈灰褐色凹陷的长形病斑,可致使茎部倒折。果实被害时,先从萼片附近形成圆形或椭圆形的病斑,凹陷,后期果实开裂,提早变红。

(2)防治方法

1)农业防治　选用叶形狭长的品种,叶片肥大抗病差。温汤浸种,消毒杀菌。合理轮作,与茄科作物实行 3 ~ 4 年的轮作。加强管理,高湿、高温条件下,再遇到连续阴雨天气易造成该病的暴发和流行。因此午后通风时间要适当延长,加大通风量;小水浇灌,降低棚内湿度;选择地势高的地块种植,排水不良时应实行高垄栽培;种植密度不宜过大,及时摘除下部老叶;底肥要充足,增施磷钾肥,提高植株的抗病能力。

2)药剂防治　80% 代森锰锌 600 倍液,或 75% 百菌清 600 倍液,或福星 1500 倍液,或扑海因 800 倍液。

134. 病毒病怎样诊断和安全防治?

(1)诊断方法 番茄病毒病是以烟草花叶病毒和黄瓜花叶病毒为主的多种病毒单独或复合感染引起的,如彩插6所示。番茄病毒病田间诊断很复杂,症状表现归纳起来有四大类型。

1)花叶型 在田间发生最为普遍,常见症状有2种:一是叶片上呈现黄绿相间或绿色深浅不匀的斑驳,植株正常,叶片不变小,畸形较轻,对产量影响较小;二是叶片有明显花叶、疱斑,新叶变小,叶细长狭窄或扭曲畸形,植株较矮,果实少而小,果面着色不均呈花脸状,对产量影响较大。

2)蕨叶型 全株黄绿色。叶背明显紫脉,叶片纤细线条状;叶片边缘向上卷起,有的下部叶片卷成筒状。植株矮化、细小和簇生,严重影响产量。

3)条斑型 病株上部叶片开始呈花叶或黄绿色,随之茎秆上中部初生暗绿色下陷短条纹,后为深褐色下陷油渍状坏死条斑,逐渐蔓延围拢,致使病株萎黄枯死。病株果实畸形,果面有不规则形褐色下陷油渍状坏死斑块或果实呈淡褐色水烫坏死。番茄受害程度以条斑型为最重,造成的损失最大。

4)黄化曲叶病毒 番茄植株感染病毒后,初期主要表现生长迟缓或停滞,节间变短,植株明显矮化,叶片变小变厚,叶质脆硬,叶片有褶皱、向上卷曲,叶片边缘至叶脉区域黄化,以植株上部叶片症状典型,下部老叶症状不明显;后期表现坐果少,果实变小,膨大速度慢,成熟期的果实不能正常转色。番茄植株感染病毒后,尤其是在开花前感染病毒,果实产量和商品价值均大幅度下降。

(2)防治方法

1)选用抗病品种 针对当地主要毒源,因地制宜选用抗病品种。

2)种子处理 播种前种子用清水浸泡3~4 h,再在10%磷酸三钠水溶液中浸40~50 min,捞出后用清水冲洗干净,催芽播种。

3)抓好定植前后的栽培防病措施 在重施底肥,增施磷、钾肥的基础上,喷施爱多收6 000倍液,增强抗病力。定植后至果实膨大期以前要勤中耕,促进根系发育。

4)晚打杈、早防蚜 晚打杈可减少和推迟农事操作对烟草花叶病毒的传播;早防蚜可预防黄瓜花叶病毒的发生和传播。防蚜虫可选用50%抗蚜威可湿性粉剂3 000倍液,或10%除尽悬浮剂2 000倍液。

5)药剂防治 发病初期喷施1.5%植病灵乳剂800倍液,或20%病毒A可湿性粉剂500倍液。发病较重的棚室喷施1 000倍液医用高锰酸钾,效果较好,隔5~7 d再喷施1次。

6)采用防病毒新技术 应用弱毒疫苗N14可减轻花叶型和条斑型病毒的危害,卫星病毒S52可防治由黄瓜花叶病毒引起的蕨叶型病毒病。具体方法以浸根接种比较方便,将1~2叶期番茄小苗起出,洗净泥土,立即浸入100倍疫苗液中,30~60 min后分苗假植于苗床内。该技术防病增产效果显著。

7)切断传播途径 黄化曲叶病毒由烟粉虱传播,初期可用500目或更密的防虫网防烟粉虱,当烟粉虱零星发生开始,交替用25%扑虱灵可湿性粉剂1 000~1 500倍液,或25%阿克泰水分散粒剂2 000~3 000倍液,或2.5%天王星乳油2 000~3 000倍液,或

80%锐劲特水分散粒剂15 000倍液等喷雾防治;或者在保护地内每亩用22%敌敌畏烟剂200 g熏烟,结合灌水或喷水进行,确保烟熏时土壤湿润。通过选用40～50目防虫网覆盖栽培、在大棚内挂黄板诱杀、及时摘除老叶和病叶、清除田间和大棚四周杂草等措施,可以降低烟粉虱虫口密度,切断传播途径,减少发病。

135. 炭疽病怎样诊断和安全防治?

(1)诊断方法　番茄炭疽病主要危害成熟果实。病部初生水渍状透明的小斑点,扩大后呈黑色,稍凹陷,有同心轮纹的圆斑,潮湿时在病斑上分泌出粉红色黏质物,最后导致病果腐烂和脱落。

(2)防治方法

1)农业防治　选无病果留种或种子播种前用55 ℃温水浸种10 min灭菌;实行轮作,加强田间管理,注意排水,及时采收。收获后深翻土壤,促进病菌死亡。

2)药剂防治　在初发病时可喷1:1:200的波尔多液,或70%甲基硫菌灵可湿粉剂1 000倍液,或75%百菌清可湿性粉剂500～600倍液,或50%福美双可湿性粉剂500倍液。

136. 灰霉病怎样诊断和安全防治?

(1)诊断方法　主要危害花果,亦可危害叶片与茎。幼果染病较重,柱头和花瓣多先被侵染,后向果实转移。果实多从果柄处向果面扩展。致病果皮呈灰白色、软腐,病部长出大量灰褐色霉层,严重时果实脱落,失水后僵化。叶片染病,多从叶尖开始,病斑呈“V”字形向内扩展,初水渍状,浅褐色,有不明显的深浅相间轮纹,潮湿时,病斑表面可产生灰霉,叶片枯死。茎染病,产生水渍状小点,后迅速扩展呈长椭圆形,潮湿时,表面生灰褐色霉层,严重时可引起病部以上植株枯死,如彩插7所示。

(2)防治方法

1)清洁园田　摘除病花、病果、病叶、病残体,集中处理,农事操作注意卫生,防止染病。

2)调控温湿度　低温高湿利于灰霉病的发生,设施栽培做好调温控湿,一般上午迟放风,超过30 ℃开始放风,当降到25 ℃时,中午继续放风,下午温度维持在20～25 ℃,至20 ℃时停止放风,以使夜间温度保持在15～17 ℃。阴天亦要通风换气,不可长时间闭棚。

3)科学管理　选用良种、合理轮作、苗床消毒、施足底肥、避免阴雨天浇水,施好磷钾肥。

4)高温钝化病菌　清晨短时放风排湿,然后闭棚升温,温度达33～34 ℃,坚持1 h,连续3 d,病害自会减轻。

5)闭棚熏烟　选用3%特可多烟雾剂,每100 m³用量50 g;10%速克灵烟雾剂、45%百菌清烟雾剂每亩250 g。

6)化学喷雾　可选用50%多霉威500～600倍液,或啶菌噁唑剂型25%乳油1 000倍液,或50%咯菌腈3 000倍液,或50%乙烯菌核利1 000倍液,或50%扑海因可湿性粉剂800倍液。灰霉病很顽固,一旦暴发,不好彻底治愈,因此要注重预防,治疗阶段要多手段并用,不要全依赖化学喷雾,病害严重化学药剂易复配混用。

137. 晚疫病怎样诊断和安全防治?

(1)诊断方法　全生育期均可发病,危害叶、茎、果,以成株期的叶片和青果受害较重。叶片染病:多从下部叶片的叶尖或叶缘开始,形成暗绿色水渍状病斑,边缘不明显,扩大后呈褐色,湿度大时,叶背病斑处出现白霉,干燥时病部干枯,脆而易破。茎染病:初始,茎出现不规则形水浸状小斑;虽着病害上下扩展,出现不规则形或条形斑,病斑褐色稍凹陷,边沿不明显;病害严重时,病斑绕茎一周,皮层出现褐色腐烂,病部以上死亡。果实染病:初始出现暗绿色油浸状斑,逐渐发展成棕褐色至暗褐色云纹状斑,边沿不明显,果实一般不变软,高湿环境下产生白色霉层,很快腐烂,如彩插8所示。

低温、潮湿是该病发生的重要条件,偏施氮肥,底肥不足,连阴雨,光照不足,通风不良,浇水过多,密度过大利于发病。一般年份,发病由叶蔓延至叶柄再到茎、果实,严重年份,叶、茎、果同时染病。

(2)防治方法

1)农业防治　培育无病壮苗、合理轮作、配方施肥,合理稀植,及时整枝和清除病株、病叶、病果。环境调控,一般晴天上午温度达到28～30 ℃开始放风,下午温度维持在22～25 ℃,至20 ℃时关闭放风口,以使夜间温度保持在15～17 ℃,减少结露和缩短结露时间。

2)药剂防治　喷雾法,药剂选用25%雷多米尔可湿性粉剂600倍液,或72%克露600倍液,或52.5%抑快净1 500倍液。熏蒸法,用45%百菌清烟剂,或10%速克灵烟剂,一次每亩250 g。涂抹法,茎秆发病较重,喷雾、熏蒸疗效都不理想,要采用涂抹法,用72%普力克水剂或72%霜脲·锰锌可湿性粉剂稀释150倍液,涂抹发病部位。

138. 叶霉病怎样诊断和安全防治?

(1)诊断方法　此病主要危害番茄叶片,严重时也可侵染叶柄、茎、花和果实。叶片发病,正面出现不规则、淡黄色褪绿斑,叶背面初成白色霉层,后期呈紫灰色绒状霉层,俗称"黑毛病",随病情加重,全株叶片由下向上逐渐卷曲,植株枯黄。果实被害,果蒂附近或果面形成黑色病斑,圆形或不规则形,硬质凹陷。花被害后发霉枯死。叶柄、嫩茎上症状与叶片相似,如彩插9所示。

(2)防治方法

1)农业防治　选用抗叶霉病良种。棚室消毒,重病棚室定植前熏蒸消毒,按每立方米空间用硫黄粉2 g加锯末4 g,密闭棚室后暗火点燃熏烟24 h,再通风换气24 h,即可定植番茄。加强棚室温、湿度管理,适时通风,适度控制浇水。做好无病土育苗、地膜覆盖、合理稀植、增施磷钾肥、及时整枝打杈。

2)药剂防治　发病初期用45%百菌清烟剂熏棚,每亩每次250 g。傍晚喷施7%叶霉净粉尘剂或5%百菌清粉尘剂,每亩1次喷施1 kg。喷施10%多抗霉素可湿性粉剂500倍液,或2%春雷霉素水剂1 000倍液,防治效果较好。还可选用50%扑海因800倍液,或60%多菌灵盐酸盐600倍液。

139. 绵疫病怎样诊断和安全防治?

(1)诊断方法　初发病时在近果顶或果肩部出现表面光滑的淡褐色斑,有时长有少数白霉,后逐渐形成同心轮纹状斑,渐变为深褐色,病部果肉也变褐,湿度大时病部长出白色霉状物,病果多保持原状,不软化,易脱落。叶片染病,其上长出水浸状大型褪绿斑,渐腐烂,有时可见到同心轮纹。

（2）防治方法

1）农业防治　选3年未种过茄科蔬菜、地势高、排水好、土质偏沙的地块定植。定植前精细整地,挖好排水沟,及时整枝打杈,去老叶、膛叶,使株间通风。地膜覆盖,阻隔地面病菌传到下部果实或时片上。及时清除病果,深埋或烧毁。

2）药剂防治　发病初期开始喷药,药剂用40%乙磷酸铝可湿性粉剂200倍液,或58%甲霜灵锰锌可湿性粉剂500倍液,或64%杀毒矾可湿性粉剂500倍液,或60%琥乙膦铝可湿性粉剂500倍液喷雾,重点保护果穗,适当喷洒地面,喷药后1 h内若遇雨,需补喷。

140. 斑枯病怎样诊断和安全防治?

（1）诊断方法　多从下部叶片开始发病。叶正、反面均出现圆形或近圆形病斑,直径2～3 mm,边缘深褐色,中部灰白,稍凹陷。严重时病斑布满全叶,导致叶片褪绿变黄。茎、果发病,病斑椭圆形,稍凹陷,边缘褐色,中间淡褐色,其上散生黑色小斑点,呈鱼眼状。

（2）防治办法

1）农业防治　与非茄科作物实行3～4年轮作换茬。使用充分腐熟的有机肥,连作棚每亩施"金微"微生物菌剂30 kg,向土壤中增施有益微生物,从而达到改良土壤的目的。

2）药剂防治　用霜脲氰原粉600倍液,或80%喷克600倍液,或64%杀毒矾500倍液喷雾防治。喷药时加入钙肥,提高防治效果。

141. 细菌性斑疹病怎样诊断和安全防治?

（1）诊断方法　番茄细菌性斑疹病主要危害叶、茎、花、叶柄和果实。叶片感病,产生深褐色至黑色不规则斑点,直径2～4 mm,斑点周围有或无黄色晕圈。叶柄和茎症状相似,产生黑色斑点,但病斑周围无黄色晕圈。病斑易连成斑块,严重时可使一段茎变黑。花蕾受害,在萼片上形成许多黑点,连片时,使萼片干枯,不能正常开花。幼嫩果实初期的小斑点稍隆起,果实近成熟时病斑周围往往仍保持较长时间的绿色。病斑附近果肉略凹陷,病斑周围黑色,中间色浅并有轻微凹陷。

（2）防治方法

1）农业防治　加强检疫,防止带菌种子传入非疫区;选用抗病、耐病品种;建立无病种子田,采用无病种苗;与非茄科蔬菜实行3年以上的轮作;整枝、打杈、采收等农事操作中要注意避免病害的传播;在干旱地区采用滴灌或沟灌,尽可能避免喷灌。种子处理,用55 ℃温水浸种30 min,或用0.6%醋酸溶液浸种24 h,或用5%盐酸浸种5～10 h,或用1.05%次氯酸钠浸种20～40 min,浸种后用清水冲洗掉药液,稍晾干后再催芽。

2）药剂防治　在发病初期,选用77%可杀得可湿性粉剂400～500倍液,或53.8%可杀得干悬浮剂600倍液,或20%噻菌铜(龙克菌)悬浮剂500倍液,或14%络氨铜水剂300倍液,或0.3%～0.5%氢氧化铜溶液进行防治,每隔10 d左右喷1次,连喷3～4次。

142. 细菌性疮痂病怎样诊断和安全防治?

（1）诊断方法　主要危害果实,也可危害茎叶。果实多青果发病,初生圆形稍隆起的小白点,扩展后病斑圆形或不规则形,3～5 mm,褐色,后期病斑中间凹陷,边缘隆起,暗褐色或黑褐色,呈疮痂状。叶片发病,病斑不整齐,褐色,周围有黄色窄晕环,内部较薄且具油渍光泽。

（2）防治方法

1）农业防治　使用无病种子,一般可用55 ℃温水浸种10 min进行消毒。重病地实行2～3年轮作。实行全面的肥、水管理。及时整枝、打杈,铲除田间杂草,及时防虫。农事操作时要精心,减少伤口产生。暴风雨后及时采收,并应立即进行药剂防治,以免病害暴发。

2）药剂防治　发病初期及时使用药剂防治,可用50%琥胶肥酸铜500倍液,或25%络氨铜500倍液,或77%可杀得500倍液,或30%绿得保400倍液,或72%农用硫酸链霉素4 000倍液。

143. 溃疡病怎样诊断和安全防治?

（1）诊断方法　溃疡病是细菌性维管束病害。病害在幼苗期即可发生,引起部分叶片萎蔫和茎部溃疡,严重时幼苗枯死。成株期染病以番茄插架时最易看到早期症状。起初下部叶片凋萎下垂,叶片卷缩,似缺水状,植株一侧或部分小叶出现萎蔫,而其余部分生长正常。在病叶叶柄基部下方茎上出现褐色条纹,后期条纹开裂形成溃疡斑。纵剖病茎可见木质部有黄褐色或红褐色线条,致使木质部易与髓部脱离,后髓部呈黄褐色,粉状干腐,髓部中空,多雨季节有菌脓从茎伤口流出,污染茎部。花及果柄染病也形成溃疡斑,果实上病斑圆形,外圈白色,中心褐色,粗糙,似鸟眼状,称鸟眼斑,是此病特有的症状,是识别本病的依据。溃疡病在田间易与晚疫病、病毒病相混淆,应注意从茎、叶片、果实上的症状予以区别,如彩插10所示。

（2）防治方法

1）农业防治　加强检疫,严防病区的种子、种苗或病果传播病害。种子用55 ℃热水浸种25 min,或新鲜种子用0.8%、干种子用0.6%醋酸浸种24 h,处理时温度保持21 ℃左右,种子浸透后,立即使种子干燥,避免产生药害,或用5%盐酸浸种5～10 h,或干种子在70 ℃恒温箱中处理72 h。选用新苗床育苗,如用旧苗床,需每平方米苗床用40%甲醛30 mL喷洒,盖膜4～5 d后揭膜,晾15 d后播种。与非茄科作物轮作3年以上。加强田间管理,避免雨水未干时整枝打杈,雨后及时排水,及时清除病株并烧毁。

2）药剂防治　发病初期选用77%可杀得可湿性粉剂500倍液,或50%琥胶肥酸铜可湿性粉剂500倍液、1∶1∶200波尔多液,或60%琥乙膦铝可湿性粉剂500倍液,或农用链霉素或新植霉素5 000倍液喷雾,对控制病害发生有一定的效果。

144. 黄萎病怎样诊断和安全防治?

（1）诊断方法　主要在番茄中后期危害,病叶由下至上逐渐变黄,黄色斑驳首先出现在侧脉之间,上部较幼嫩的叶片以叶脉为中心变黄,形成明显的楔形黄斑,逐渐扩大到整个叶片,最后病叶变褐枯死。但叶柄仍较长时间保持绿色。发病重的植株不结果,或果实很小。剖开病茎基部,导管变褐色,如彩插11所示。

(2)防治方法

1)农业防治 选用抗病品种。与非茄科作物实行6年以上轮作防治。

2)药剂防治 可在播种和定植前,用25%多菌灵可湿性粉剂500倍液,或50%多菌灵可湿性粉剂1 000倍液,或50%甲基硫可湿性粉剂400倍液,或农抗120杀菌剂100 mg/L,或70%敌克松可湿性粉剂(每平方米5 g)等处理苗床或灌根;或每平方米用98%噁霉灵1 g加水3 kg对土壤喷雾。定植后,用50%多菌灵可湿性粉剂1 500倍液,或25%多菌灵可湿性粉剂750倍液灌根。还可将多菌灵或菌灵加水做成糊状涂抹病部。用药间隔期7~10 d,连续用药2~3次。

145. 青枯病怎样诊断和安全防治?

(1)诊断方法 番茄青枯病又称细菌性枯萎病。进入开花期,番茄株高30 cm左右,青枯病株症状,先是顶端叶片萎蔫下垂,后下部叶片凋萎,中部叶片最后凋萎。也有一侧叶片先萎蔫或整株叶片同时萎蔫的。发病初期,病株白天萎蔫,傍晚复原,病叶变浅绿。病茎表皮粗糙,茎中下部增生不定根或不定芽,湿度大时,病茎上可见初为水浸状后变色的1~2 cm斑块,病茎维管束变为褐色,横切病茎,用手挤压或经保湿,切面上维管束溢出白色菌液;病程进展迅速,严重的病株经3 d左右即死亡。有菌脓溢出、病程短是本病与枯萎病相区别的两个重要特征。

(2)防治方法

1)农业防治 选用抗病品种。土壤处理,可与瓜、葱、蒜、芹菜、水稻、小麦等实行3~5年轮作。用无病土育苗,旧苗床要更换新土或用1:50的福尔马林液喷洒床土;结合整地,每亩撒施石灰100 kg,使土壤呈微碱性,以减少发病。加强栽培管理,春番茄早育苗、早移栽,秋番茄适期晚定植,使发病盛期避开高温季节,可减轻受害。采用高垄栽培,适当控制灌水,切忌大水漫灌;高温季节,要早晚浇水,以免伤根。要施足底肥,肥料要充分腐熟,生长期要适当增加磷钾肥,也可用每千克含硼酸10 mg的硼酸液做根外追肥,以促进植株维管束的生长,提高植株抗病力。要早中耕,前期中耕要深,后期要浅,防止伤根,注意保护根系。

2)药剂防治 田间发现病株,应立即拔除,并向病穴浇灌2%福尔马林溶液或20%石灰水消毒;或灌注100~200 mg/kg的农用链霉素;或灌注新植霉素4 000倍液。每株灌注0.25~0.5 kg,每隔10~15 d灌1次,连续灌2~3次。也可在发病前开始喷25%琥胶肥酸铜或70%琥乙膦铝可湿性粉剂500~600倍液,7~10 d喷1次,连续喷3~4次。

146. 根结线虫病怎样诊断和安全防治?

(1)危害症状 植株染病,影响长势,地上部受害初始不明显。随着病情发展,植株表现出黄化,早衰,果小。发病严重时,植株矮小,发育不良,甚至萎蔫、枯死。检测根系病变部位多发生在番茄的须根及侧根上,形成大小、形状不整齐的瘤状根结,根结上可发出新根,但较细弱,新根又再度染病,长出小的瘤状根结,后期根系像一个根结团。根结内藏有很小的乳白色线虫,肉眼一般不易看到,如彩插12所示。

(2)防治方法

1)农业防治　选用抗根结线虫病的品种。嫁接防病,选用抗根结线虫病的砧木,如托鲁巴姆、托托斯加。轮作倒茬,对于发生过番茄根结线虫病的病田,最好实行轮作倒茬,可以与大葱、韭菜、辣椒、大蒜这类抗耐病的作物轮作,这样就能有效地降低土壤中线虫基数,减轻对下茬的危害。土壤淹水,在日光温室休闲季节,连续保水 120 d 左右(或种 1 茬水稻),可收到较好的防治效果。高温处理,棚室可在休闲季节利用夏季高温,在盛夏挖沟起垄,然后盖地膜密闭棚室 20 d,使 30 cm 的内土层温度达 50 ℃以上,则可杀死绝大部分线虫。结合翻地施入石灰、碳酸氢铵、麦糠等酿热物效果更好。田间管理,番茄深栽,清除杂草,加强肥水供给,拔除重病株,集中焚烧。

2)药剂防治　结合夏季高温闷棚,地面喷洒威百亩水剂,亩用 4～5 kg;结合整地,亩用噻唑膦 2～3 kg;生长季节一次亩冲施 1.8%阿维菌素乳油 1 kg。

147. 怎样防治蚜虫?

(1)危害症状　蚜虫又名腻虫,遍及全国各地。分有翅蚜和无翅蚜,都为孤雌胎生,一年由可繁殖十几代至几十代,世代重叠极为严重。北方以无翅胎生雌蚜在风障菠菜、窖藏大白菜或温室内越冬,翌年 3～4 月以有翅蚜转移到春栽蔬菜上,在温室终年以孤雌胎生方式繁殖,低温干旱有利于蚜虫生活。蚜虫主要在叶片及嫩梢上刺吸汁液,使叶片变黄,皱缩,向下卷曲,影响植株正常发育。同时,蚜虫能传播多种病毒病,造成的危害远大于蚜虫本身,如彩插 13 所示。

(2)防治方法

1)农业防治　黄板、黄色防虫带诱杀,悬挂银灰色薄膜条或铺盖银灰色薄膜避蚜和防毒。

2)生物防治　释放蚜茧蜂等寄生性天敌,一般预防性防治时 200 头/亩,蚜虫侵染较重时,按 3 500 头/亩。

3)药剂防治　喷洒 10%吡虫啉可湿性粉剂 1 500 倍液,或 3%啶虫脒乳油 2 000 倍液,或 25%吡蚜酮可湿性粉剂 1 500 倍液。

148. 怎样防治温室白粉虱?

(1)危害症状　温室白粉虱又名小白蛾,成虫和若虫群居叶背吸食汁液,叶片褪绿变黄,还可分泌大量蜜露污染叶片、果实,发生煤污病,造成减产和降低商品品质,并能传播病毒。温室白粉虱危害区主要在北方,危害温室、大棚及露地栽培的番茄。在北方温室和露地生产条件下,每年发生 6～11 代,世代重叠严重,存活率高,生育率较强。白粉虱繁殖的适温为 18～21 ℃,我国北方白粉虱不能在野外越冬存活,但能在温室番茄上继续繁殖危害。第二年温室开窗通风又迁飞露地,全年危害,如彩插 14 所示。

(2)防治方法

1)农业防治　培育无虫苗,播种育苗前 7 d,将苗棚内绿色植物彻底清理,并在通风口增设尼龙纱网,控制外来虫源,培育无虫苗。避免番茄、黄瓜、菜豆等蔬菜混栽,防止白粉虱相互传播,加重危害。结合整枝、打杈、摘除下部 3 片叶,并携出室外烧毁。黄板诱杀,在白粉虱发生初期,将涂上机油的黄板置于保护地内,高出植株,诱杀成虫。

2)生物防治　保护地番茄植株成虫达 0.1~1.0 头/株时,释放丽蚜小蜂 3~5 头/株,每 10 天左右放 1 次,共放蜂 3~4 次,寄生率可达 75% 以上,控制效果良好。

3)药剂防治　烟熏法,傍晚保护地用 22% 敌敌畏烟剂每公顷 7.5 kg 密闭熏烟,可杀灭成虫。喷雾法,用 25% 阿克泰水分散粒剂 7 500 倍液,或 25% 噻嗪酮可湿性粉剂 1 500 倍液,或 22.4% 螺虫乙酯悬浮剂 3 000 倍液。

149. 怎样防治美洲斑潜蝇?

(1)危害症状　又名蔬菜斑潜蝇,成虫、幼虫均可危害,幼虫潜食叶肉,产生弯弯曲曲灰白色蛇形虫道。虫道端部略粗。危害严重时整个叶片或整株多数叶片布满虫道,严重影响光合作用,甚至造成叶片枯死,花、果实被灼伤,成虫危害则在叶片上吸食汁液或产卵,在叶片上造成近圆形刻点状凹陷。

(2)防治方法

1)农业防治　严格检疫,防止害虫蔓延。合理安排茬口,斑潜蝇喜食瓜类、茄果类、豆类等,易受害作物之间少安排套种或轮作,减轻危害。清洁园田,清除定植田周边斑潜蝇的寄主植物,剔除虫苗,摘除下部带虫叶片,植株残体集中深埋或烧毁。

2)物理防治　闷杀:保护地栽培可利用夏天休闲季节密封棚膜,用高温杀死成虫、幼虫和蛹。黄板诱杀。斑潜蝇幼虫老熟后多数落地化蛹,定期清扫地膜上的蛹,很大程度上减轻危害。通风口防虫网全生育期覆盖,有效防止斑潜蝇进入棚内危害。

3)药剂防治　选择成虫高峰期和卵孵化盛期或低龄幼虫高峰期用药。药剂可选用 75% 灭蝇胺可湿性粉剂 4 000 倍液,或 20% 斑潜净微乳剂 1 000 倍液,或 1.8% 爱福丁乳油 2 000 倍液。

150. 怎样防治蛴螬?

(1)危害症状　蛴螬是金龟子的幼虫,又称白地蚕,国内广泛分布,但北方发生普遍,在地下啃食萌发的种子,咬断幼苗根茎,致使全株死亡,造成缺苗断垄。蛴螬在北方多为两年 1 代,以幼虫在土壤中越冬,春季随着地温变化而移动。当表土层 10 cm 地温到 5 ℃时,上升到地表危害。13~18 ℃时,幼虫活动最旺;超过 25 ℃时,幼虫又移向土壤深层。因此,春、秋两季危害最重。5~7 月成虫大量出现,20~21 时为成虫取食和交配活动盛期。成虫有趋光性和假死性,并对未腐熟的厩肥有强烈的趋性。蛴螬始终在地下活动,以疏松、湿润、富含有机质的地方最多。

(2)防治方法

1)农业防治　要施充分腐熟的肥料,以减少将幼虫和卵带入田中的机会。秋翻和晒土,将部分成虫、幼虫翻至地表,使其风干冻死。

2)物理防治　用灯光诱杀成虫。

3)药剂防治　用 35% 辛硫磷微胶囊,结合整地施入土壤,亩用量 1 kg。用 50% 辛硫磷乳油 800 倍液,或 80% 敌百虫可湿性粉剂 500 倍液,每株灌 150~250 g,可杀死根附近的幼虫。

151. 怎样防治地老虎?

(1)危害症状 地老虎又名土蚕,食性杂,危害广。危害番茄的地老虎主要是小地老虎。小地老虎在河南一年发生4代,春、秋两季危害重,待蔬菜出苗或定植以后,取食幼苗的嫩叶,造成孔洞、缺刻、白斑,并咬断幼苗茎基部,造成缺苗。小地老虎属夜蛾科,成虫晚上活动,有趋光性,喜爱酸味,繁殖力很强,一头雌虫可产卵800～1 000粒。幼虫共6龄,3龄前大多在心叶里,对光不敏感,昼夜取食嫩叶,3龄后的幼虫,有假死和趋潮湿习性,白天潜伏在浅土层中,夜间出来危害,尤以天刚亮多露水时危害较重。5～6龄为暴食期,危害最重。

(2)防治方法

1)农业防治 害虫严重地块,不提倡茄果类、瓜类、豆类等套种;休闲季节翻地,消灭蛹、幼虫;及时清除周边杂草。

2)诱液诱杀 用黑光灯和糖醋液诱杀成虫,糖、醋、酒、水的比例为3:4:1:2,加少量敌百虫。将诱液放在盆里,傍晚时放在田间,距地面高1 m处,诱杀成虫。第二天早晨收回盆或盆上加盖,以防诱液蒸发或接纳雨水。

3)人工捕杀幼虫 发现菜苗被咬断后,清晨在被害植株根际或附近秧苗根际,用木棍扒开表土即可找到潜伏在土里的高龄幼虫。

4)药剂防治 用100 kg鲜菜叶拌入80%敌百虫可湿性粉剂400 g,均匀放置田间。喷施Bt乳剂300倍液,或5%定虫隆乳油1 500倍液防治幼龄幼虫;对老龄幼虫采用植株下部地面喷药法,喷施40%毒死蜱乳油1 000倍液。

152. 怎样防治蝼蛄危害?

(1)危害症状 蝼蛄又名拉拉蛄、地拉蛄等,有华北蝼蛄和非洲蝼蛄2种。北方地区危害严重的是非洲蝼蛄,其次是华北蝼蛄。华北蝼蛄约3年1代,以成虫、若虫在未冻土层中越冬,每窝1只。越冬成虫在气温和土温升至15～20 ℃时,进入危害盛期,并开始交配产卵。6月下旬至8月下旬天气炎热时,潜入土中越夏,9～10月再次窜出地表危害。非洲蝼蛄在大部分地区为1年1代,其活动规律与华北蝼蛄相似。两种蝼蛄均昼伏夜出,21～23时活动最盛,雨后活动更甚。成虫具有趋光性和喜温性。成虫在地中咬食种子和幼芽,或咬断幼苗,蝼蛄在地中活动时将土层钻成许多隆起的隧道,使根与土分离,失水干枯而死,造成大片缺苗。

(2)防治方法 将麦麸或玉米面或豆饼5 kg炒香,再用90%晶体敌百虫150 g对水,将毒饵拌潮、拌匀后于傍晚撒在田间;也可用40%乐果乳油,对10倍水,加50 kg饵料,拌匀后撒在地里或苗床上,也可用50%辛硫磷颗粒剂1.0～1.5 kg与细土15～30 kg混匀后撒于地面并耕耙。

153. 怎样防治番茄蛀果害虫(棉铃虫、烟青虫)?

(1)危害症状 棉铃虫和烟青虫一年发生的代数因年份因地区而异,随不同地区的温度条件改变而改变,每年发生2～6代,四季都有危害,以幼虫蛀食植株的蕾、花、果为主,也食害嫩茎、叶和芽。花蕾受害后,苞叶张开,变成黄绿色,2～3 d后脱落,幼果常被吃空引起腐烂而脱落,成果期受害引起落果造成减产,果实被虫蛀后引起腐烂并造成大量落果。

（2）防治方法

1）农业防治　及时打杈、打顶、摘除虫果,压低虫口密度。

2）诱杀成虫　使用性诱剂诱杀成虫,有条件的地区可使用频振式杀虫灯诱杀。

3）生物防治　喷洒细菌性杀虫剂（Bt 乳剂）或棉铃虫核型多角体病毒,可使幼虫大量染病死亡。

4）药剂防治　关键是要抓住幼虫尚未蛀入果内时施药,尤其在早晨或傍晚喷药效果最佳,做到"上翻下扣,四面打透"。①菊酯类农药。2.5% 三氟氯氰菊酯乳油 2 000～3 000 倍液。②几丁质合成抑制剂。5% 氟虫脲乳油 1 000～1 500 倍液。③脱皮激素。20% 虫酰肼悬浮剂 800～1 500 倍液。④抗生素类。0.5% 甲维盐乳油 1 000～1 500 倍液。⑤其他合成杀虫剂。5% 氟虫腈 1 500 倍液。⑥氯（溴）虫苯甲酰胺。最新高效药物,5% 普尊 800～1 000 倍液。

小结:随着番茄种植面积逐年扩大,病虫害发生呈逐年上升趋势,为了有效防治病虫害,一方面要贯彻落实"预防为主,综合防治"的植保方针,树立"公共植保、绿色植保"植保理念;另一方面要以病虫害预测预报为依据,以农业防治为基础,以生态、物理防治为手段,科学规范使用农药,降低农药残留,实现绿色化生产目标。在番茄生产中把管理措施、物理方法、生物制剂和化学药剂的使用有机结合,既可以提高病虫害的防治效果,又可以减少化学农药的使用次数和使用量,还能提升番茄质量,保护生态环境。

十一、番茄生产中常用除草剂安全使用技术

　　近年来,除草剂已全面普及,在番茄生产中广泛使用,露地生产使用较多,保护地生产不宜过多使用,温室大棚生产一般不使用。本部分内容主要介绍了除草剂的类型、选择方法、注意事项以及常见的几种除草剂的使用方法,希冀广大种植户提高安全意识,增强技术水平。

154. 除草剂有哪几种类型?

除草剂主要有以下几种类型:一是选择性除草剂。此类除草剂在一定剂量范围内使用,可以有选择地杀灭某些有害植物,而对作物是安全的,在作物地里正确使用,可以达到只杀灭杂草而不伤害作物的目的。二是灭生性除草剂。此类除草剂对所有植物均有灭杀作用,仅限于作为休闲田、空闲地的灭草。三是触杀型除草剂。此类除草剂只伤害植株接触到药剂的部位,对没有接触到药剂的部位无影响。四是内吸传导型除草型。此类除草剂的有效成分可被植物的根、茎、叶吸收,并迅速传导到全株,从而杀灭有害植物。

155. 根据杂草种类怎样选择除草剂?

杂草分单子叶(禾本科)和双子叶(阔叶)两种类型,这两种类型的杂草对非对口除草剂不敏感,每种除草剂都有一定的杀草谱和生理特性,应针对杂草发生特点合理选用除草剂。在必须用除草剂的番茄地,宜用微毒的土壤处理剂,尽早施用,并尽量减少除草剂使用的次数。

156. 怎样掌握除草剂使用时期?

除草剂使用时期主要分苗前和苗后两个时期。苗前一般是指苗床播种后出苗前,或整地后定植前,应均匀喷于土表。苗后使用一般是指移栽后,杂草长至 3~4 叶时,应集中均匀喷于杂草茎叶上,尽量避免喷到作物植株上。温度高时,除草剂用量要低;温度低时,除草剂用量适当高些。土壤湿度大,除草剂用量要低;土壤干旱时,除草剂用量要提高。

157. 怎样掌握除草剂使用方法?

露地生产可供选择的除草剂种类较多,大多数除草剂均可选用。保护地生产不宜过多使用除草剂,应通过适当加大播量,提高播种密度,建立前期生长对杂草的竞争力,若必须用药,宜在播前、播后苗前或定植前选择低剂量施用触杀型土壤处理除草剂。

除草剂的使用方法主要有以下几种:一是土壤处理。将除草剂喷、撒或泼浇到土壤表层,施药后一般不翻动土层,以免影响药效。但对于易挥发、光解和移动性差的除草剂,在土壤干旱时施药后应立即翻耙土表(3~5 cm 深)。氟乐灵、甲草胺、地乐胺等是常用的土壤处理剂。二是茎叶处理。选用选择性强的除草剂,并在作物对除草剂抗性较强的生长阶段喷施,番茄生产不推荐使用。三是涂抹施药。在杂草高于作物时,把内吸较强的除草剂涂抹在杂草上,涂抹时用药浓度要加大。此法最适于田间杂草较少的田块灭草。四是药土撒施。将湿润的细土、细沙与除草剂按规定比例混匀,配成手捏成团、撒出能散开的药土。需将药土盖上塑料薄膜堆闷 2~4 h,待露水干后均匀地撒施于水中。撒药土时,田中要灌适量水,施药后保水7 d。五是药水喷洒。使用乳化性好、扩散性强的除草剂,在原装药瓶盖上戳 3~4 个小孔,将原药液均匀洒施到地里。洒施时,田中要保持适量水,以利药剂扩散。六是覆膜除草。地膜覆盖栽培的作物,在播种后喷施除草剂稀释液,然后覆盖地膜。此种方法用药量一般较常规用药量减少 1/4~1/3。

158. 怎样掌握除草剂混用原则？

除草剂混合使用必须严格遵循以下原则：一是混用的除草剂必须灭杀草谱不同。二是混用的除草剂，其使用适期与方法必须相同。三是除草剂混合后，不能有沉淀、分层现象。四是除草剂混合后，其用量为单一量的 1/3～1/2。此外，对于不能互相混用的除草剂，采用分期配合使用的方法，也可以达到杀灭杂草的目的。其配施方法是：对同一块土壤，交替使用除草剂，如先用氟乐灵灭杀禾本科杂草，再用扑杀净杀灭阔叶杂草，也可采取土壤处理与苗后茎叶处理相配合的方法。

159. 怎样掌握除草剂用药安全？

用药安全是针对作物药害而言的，通常须做到以下几点：一是严格按照规定的用量、方法和程序配制使用，不得随意加大或减少药量，且喷洒要均匀，不漏施，不重施。二是根据除草剂具有针对性的特点，须在苗前使用的除草剂不能在苗后使用，土壤处理剂不能用于茎叶处理，土壤处理剂施药后要保持土壤湿润，以利药效发挥。三是不宜在高温、高湿或大风天气喷施，一般应选择气温在 20～30 ℃ 的晴朗无风或微风天气喷施。喷施时，喷孔方向要与风向一致，走向要与风向垂直或夹角不小于 45°，且要先喷下风处，后喷上风处，以防止药液随风飘移，伤害附近敏感作物。四是原则上不能随意与化肥或其他农药混合使用，以防止发生药害。若一定要混合使用，应先试验后施用。喷施除草剂的喷雾器，用后一定要用清水彻底冲洗干净后再使用，否则易造成药害。五是注意规避药害。要避开作物敏感期用药，进行茎叶处理时，以在杂草 2～6 叶期喷施为好。六是进行土壤处理的地块，一定要耕细整平，并且要做到喷布药液均匀，否则会降低药效。除草剂的药效和对作物的药害，是以沙土、壤土、黏重土的次序递减的，故在正常用量范围内，沙性土壤的用药量可少些，黏重土壤的用药量可大些。

160. 甲草胺如何科学使用？

甲草胺又名拉索、澳特拉索、草不绿，是内吸型土壤处理剂。播种前或移栽前，每亩用 43% 甲草胺乳油 200 mL，对水 40～50 kg，均匀喷雾，用耙浅混土后播种或移栽；若施药后覆盖地膜，则用药量应适当减少（1/3～1/2），对防治 1 年生禾本科及部分阔叶杂草效果显著。

161. 氟乐灵如何科学使用？

氟乐灵是一种广谱、触杀、内吸型除草剂，因其除草范围广、效果好，尤为广大菜农欢迎。一般可在播种前进行土壤处理，每亩用 48% 氟乐灵乳油 150～200 g，加水 75～100 kg 充分搅拌均匀，然后用喷雾器均匀喷药，喷后立即定植，也能起到混土的作用。注意事项：氟乐灵易光解、挥发，喷药后应及时混土，否则易降低药效；氟乐灵的主要作用机制是影响杂草的激素生长与传递，抑制细胞分裂，但不能抑制杂草发芽，因此不能杀死休眠的杂草种子。

162. 施田补如何科学使用？

施田补是苯胺类高效、低毒、广谱除草剂，对直播地，于播后出苗前，每亩用33%乳油100~125 mL,加水30~35 kg土表喷雾,然后浇水;对移栽地,于移栽前或移栽缓苗后,每亩使用33%乳油100~150 mL,对水40~50 kg喷雾。注意事项:施药时应避免种子及作物生长点与药层直接接触;播后苗前用药应注意适当增加播种量,特别是种子应播于2 cm以下的土层或盖一层薄土。

163. 赛克津如何科学使用？

赛克津又叫赛克、甲草嗪、嗪草酮、立克除,是三氮苯类选择性低毒高效除草剂,在苗移栽前,每亩用70%可湿性粉剂40~50 g,对水35~40 kg土表喷雾;在播后苗前,每亩用70%可湿性粉剂50~75 g,对水40 kg左右土表喷雾。注意事项:对禾科杂草有一定效果,而对多年生杂草无效。

164. 草克死如何科学使用？

草克死是氨基酸酯类选择性芽前土壤处理除草剂,一般在播种前或移栽前,每亩用50%乳油200 g,对水40~50 kg土表喷雾,或拌细潮土15~20 kg均匀撒施,及时混入2~3 cm土层。

165. 乙草胺如何科学使用？

乙草胺是广谱高效、旱田、选择性芽前除草剂,高效防除稗草、狗尾草、马唐、看麦娘等禾本科杂草及藜、苋菜、蓼、马齿苋、菟丝子等多种小粒种子繁殖阔叶杂草。一般在地整好后,播种前,杂草萌动期,每亩用48%乳油75~85 mL,加水50 kg土表喷雾,然后播种。

166. 如何减轻除草剂药害？

作物发生除草剂药害表现为抑制生长,营养不良。要选用功能性植物营养剂,他们含有植物化感物质、矿物质、酶类等物质,其中化感物质与作物有亲和性,使用过量,作物能自身调节,对作物安全。建议使用功能性植物营养剂如碧护(有效成分为天然赤霉素、吲哚乙酸、芸薹素内酯等,Vitacat)、益微(蜡质芽孢杆菌、Bacillus cereus)、禾生素(禾甲安、Chitinl)等混用。不要选用人工合成植物生长调节剂外源激素,如赤霉素、芸薹素、复硝酚钠、吲哚乙酸、多效唑等和含有上述植物生长调节剂的叶面肥,使用后常加重药害或造成新的药害。一般番茄地每亩用0.136%碧护3 g、益微30~50 mL、4%禾生素50 mL。碧护与益微、禾生素混用有增效作用,见效快(一般7 d有明显效果),效果好,3种药剂混配效果更好,抗多种病害,虫害减少。适宜施药条件:温度13~27 ℃、空气相对湿度65%以上,风速4 m/s以下;晴天8时前,16时以后施药,最好夜间无露水时施药。

小结:化学除草是杂草综合治理中的重要措施,但并非唯一措施。因此,必须将其融入综合治理措施中,因地制宜,与覆膜、作物轮作、耕翻、中耕等机械除草紧密结合,以起到相辅相成的作用,以防止杂草抗性的产生,合理使用除草剂,综合防除杂草,提高除草效果,降低单位面积用药量。施用除草剂时一定要了解除草剂的特性及施用方法,在保证除草剂效果的前提下,注意中耕、覆膜与喷除草剂有机结合,减少用药量,提高对环境的安全性,最终达到增产、增收的目的。

十二、番茄采后处理

　　由于番茄生产的季节性较强,采收期较为集中,果实含水量高、组织柔嫩,不耐储运,如果不注意番茄的采后处理,在流通、运输过程中,往往会造成大量变质、腐烂。本部分内容主要介绍了番茄的采收时间、采收期管理、采后处理、储藏运输等环节的注意事项,以期达到最佳品质。

167. 番茄采后应如何进行处理?

(1)采收　采收前7～10 d,在田间用25%多菌灵可湿性粉剂500倍液加40%乙膦铝可湿性粉剂250倍液(简称多乙合剂)喷施1次防病。一般在晴天上午气温不太高时采收,雨后或果实表面水分未干时不要立即采收。用于储藏或长距离运输的番茄应在绿熟期至微熟期采收。绿熟期果实已充分长大,内部果肉已变黄,外部果皮泛白,果实坚硬;微熟期果实表面开始转色,顶部微红,又称顶红果。采摘时,左手抓住果柄与花序连接处,右手抓着果实,左手大拇指扶着果柄往下按,其他手指握住果实向上摆。在采摘或运输、储藏过程中搬运番茄时要注意轻拿轻放,避免摔、砸、压而造成机械损伤。采摘时,最好将带有果柄的果蒂去掉。

(2)预冷　秋大棚番茄应在棚内最低温度出现0 ℃以前采收,严防受冻。采收后,先放在通风良好的空房内或遮阴处,散除田间热,并严格挑选、剔除有病虫害的果、机械损伤果、畸形果及过熟果。

168. 怎样进行番茄采后分级?

(1)番茄按大、小分级　大番茄分级标准,一般在进行商品包装前进行,将果形圆整、果色好、无瘢痕、无虫眼、无损伤、光滑、均匀美观的果实分出来,再根据单果重量包装。小番茄分级标准,要求果实完整良好,新鲜洁净,无异常气味或滋味,不带不正常的外来水分,充分发育,具有适于市场或储存要求的成熟度。

(2)按果的品质分级　分为优质、一级、二级3个等级。优质:同一品种,果形、色泽良好,萼片青绿,无水伤,无软化,无裂痕,无病虫害、药害及其他伤害。一级:同一品种,果形正常、色泽良好,无水伤,无软化,无裂痕,无病虫害、药害及其他伤害。二级:品质要求仅次于一级,且仍保持本品种果实的基本特征。

169. 如何规范番茄采后的包装标准?

对所有制作的运输包装和销售包装的品种、规格、尺寸、参数、工艺、成分、性能等所做的统一规定,称为产品包装标准。番茄采后在包装和储运过程中需注意温度的变化,夏季应避免高温,冬季注意防止冷害和冻害。产品采后包装上市,应减少二次污染,以最大限度保持产品鲜嫩和营养成分,减少损耗,提高商品率,取得更好的经济效益。

番茄采后包装应符合以下标准:一是具有保护性,方便储运;二是具有一定的通透性,利于产品散热及气体交换;三是具有一定的防潮性,防止吸水变形,降低机械强度;四是包装物要整洁、无污染、无异味、无有害化学物质、内壁光滑、卫生、美观;五是要重量轻、成本低、便于取材、易于回收及处理;六是要注明商标、品名、等级、重量、产地、特定标志及包装日期。另外,包装的标准化有利于番茄储运中机械化操作,还有利于充分利用储藏空间。

170. 番茄的主要包装方法有哪些?

用于产品包装的容器如塑料箱、纸箱等应按产品的大小规格设计,同一规格应大小一致、整洁、干燥、牢固、透气、美观,内壁无尖突物并无污染、虫蛀、腐烂、霉变等,纸箱无受潮、离层现象,塑料箱还应符合GB/T 8868的要求。包装分运输包装和商品包装:

（1）运输包装　工具有纸箱、竹筐、板条箱、塑料筐等。对运输工具在使用前应用1%漂白粉刷洗并晾干。对采来的果实要小心码入筐内，每个包装筐都不可装满，最好只装总容量的3/5。要按产品的品种、规格分别包装，同一件包装内的产品需摆放整齐紧密。每批产品所用的包装、单位质量应一致，每件包装净含量不得超过10 kg，误差不超过2%。每一个包装上应标明产品名称、标准编号、商标、生产单位（或企业）名称、详细地址、产地、规格、净含量和包装日期等，标识上的字迹应清晰、完整、准确。

（2）商品包装　主要用于市场的商品净菜加工，可在产地或在批发市场进行，采用塑料薄膜包装。塑料包装因透气性差，应打一些小孔，不要使用彩色塑料薄膜。无公害番茄在包装上要注明产地、生产单位及品名。超市零售包装可用发泡塑料饭盒和无毒塑料薄膜包装。

171. 番茄的主要储藏方法有哪些？

储藏方法有冷库储藏和冬季利用通风库或窖储藏以及夏季利用人防工事或山洞储藏等，关键在于控制适宜的温度条件，做好温度管理和气体管理。储藏用的番茄采收前2 d不宜灌水，防止果实吸水膨胀和果皮产生裂痕，从而导致微生物感染和果实腐烂变质。应在早晨或傍晚无露水时采摘，采摘时轻拿轻放，避免造成伤口。包装容器不宜过大，以免上面的果实将下面的压伤。采收后，应放在阴凉通风处散热，或放在冷库内预冷到13 ℃，然后挑选分级入库储藏，成熟度不同的果实要分别存放，便于管理。

172. 番茄储藏对温度、湿度有何要求？

（1）温度管理　利用机械冷库储藏番茄，储藏温度应控制在11～13 ℃。秋冬季利用通风窖或其他简易设施储藏番茄，储藏初期由于外界气温较高，窖内温度也相对较高，要在晚上打开通风口或换气降温。储藏中期要关闭通风口以保温。储藏后期要加温。还要采用在地面喷水的办法增加相对湿度。绿熟番茄比红熟番茄对低温敏感。前者在低于10 ℃下稍长时间储藏易发生冷害。绿熟果和顶红果储存温度为11～13 ℃，成熟果为0～2 ℃。

（2）湿度管理　番茄保水能力较强，储藏环境空气相对空气湿度可控制在90%左右。

173. 番茄储藏对气体管理有何要求？

在气体管理方面，可以利用分子筛气调机储藏番茄，每帐可储藏500～2 000 kg。一般薄膜帐厚度为0.2～0.23 mm，密封帐两端设置管道分别与气调机进气口和出气口相通，形成密闭内循环气路。开动机器时帐内气体由压缩机送入吸收塔，将氧气和氮气分开，从而得到低氧高氮气体。通过调节气体流量可控制帐内气体氧的含量在5%左右。降氧后的气体又回送到帐内，经过一定时间的循环，当帐内氧含量降至5%时可停机。停机24 h后，由于番茄的呼吸作用，帐内氧降至2%～3%，二氧化碳升至1%～2%，再开机使气体循环，并从空气压缩机引入少量空气，将帐内氧气补充到5%，同时脱除二氧化碳和乙烯。以后每天进行测气和补氧操作，使氧含量在2%～5%，二氧化碳含量在0～2%，乙烯含量不超过1 mL/m^3。

174. 番茄储藏期间应注意哪些方面?

(1)采后病害防治 番茄采收后在运输、储藏和销售期间引起腐烂的主要病害有交链孢果腐病、根霉腐烂病、灰霉病和绵疫病。除了采前防病,避免机械损伤和生理伤害等外,还可采取药剂防治。

(2)储藏场所消毒 要在番茄入储前彻底清扫、消毒储藏场所,特别是老库房更应彻底清扫后消毒。每立方米用硫黄粉 5～10 g,与少量干锯末、刨花混匀放在干燥的砖上点燃,立即关闭库门,密闭 24 h 后充分通风即可。喷洒其他广谱杀菌剂如多菌灵、甲基硫菌灵等也有杀菌效果。

(3)番茄防腐 最好选用熏蒸剂,不用浸、蘸、涂抹的水剂。熏蒸剂有美帕曲星、3% 噻唑灵烟剂等。采用塑料薄膜帐储藏番茄时,还可采用通氯气的办法进行防腐处理,一般每隔 2～3 d 通 1 次,每次用量约为帐内空气的 0.2% 。此外,使用过氧乙酸、漂白粉等进行熏蒸处理,也能起到抑制病菌繁殖的效果。漂白粉用量一般按番茄重量的 0.1% 计算,方法是将称量好的漂白粉分装成小包,每包重 20～30 g,用 4 层纱布包好,均匀地吊挂在帐内。漂白粉有效期为 10～15 d,要定期更换。

175. 长途运输对番茄商品性有何影响?

长途运输前应进行预冷,运输过程中注意防冻、防雨淋、防晒、通风散热。番茄在运输过程中,搬运包装筐要轻拿轻放。晚秋或冬季从温室内采收番茄,一定要用暖筐运输。暖筐制作方法:将 3 层苇席缝在筐的内壁四周,然后在底部垫上几层纸或纸板,放好番茄后在上面盖苇席,再加上筐盖,运输时可依气温情况加上棉被或用冷藏车运输。

运输是在动态条件下进行的,震动对果实的影响不可忽视。一般很小的震动不致引起伤害,但强烈和频繁的长时间震动会使番茄产生不良的生理反应和损伤,致使品质和风味下降。运输前后的装卸中,粗暴操作产生的强烈震动也会造成很大损伤。因此,番茄果实装卸时除考虑效率和成本外,重要的是保护果实避免机械损伤。番茄在运输车中堆码要稳固,避免碰撞、冲击损伤果实。装载量大时,应在包装容器与车壁之间以及堆垛之中适当留有缝隙,便于通风和热量交换。

176. 如何进行番茄长途运输?

长途运输时,不要把筐码得太高,如果运输时间超过 24 h,最好将车内温度保持在 10～13 ℃,不要在温度低于 5 ℃ 的条件下长途运输。如果途中运输时间超过 5 d 以上,最好采用气调包装。

按控制运输温度的方式,可分为常温运输、保温运输、控温运输 3 种。一般铁路各种形式的敞车和箱式货车、公路卡车和水路船舶等都是常温运输工具。常温运输由于没有特殊的隔热保温设备,运输过程中果实质量下降快;气温在冷害和冻害温度以下时不能采用。保温运输车具有良好的隔热结构,外界气温不能迅速改变内部温度,冬季运输时可利用果实的呼吸热维持适宜的温度,夏季运输时则需要先进行预冷,然后利用保温车的隔热性能延缓温度的上升。保温车的温度调节能力有限,运输时间不能过长,适用于中、近距离的运输。控温运输是指在隔热性良好的运输工具中设置降温和加温装置,在夏季运输时利用制冷装置降温,冬季运输时可根据需要利用增温设施加温。

177. 如何进行番茄短途运输?

番茄运输要求速度快,时间短,尽量减少途中不利因素对果实的影响。番茄运输要求的环境条件基本与短期储藏一致,其中温度最为重要,成熟果的运输温度以7～10 ℃为宜,绿熟果则以11～13 ℃为宜。

小结:番茄采收及采后处理,包括适时收获、按等分级、清洗加工、包装、预冷、短期储藏、运输、市场销售的系列过程。其最终目的是使番茄果实从产地到市场,在一定时间内保持新鲜、不变质,并维持番茄本身特有的风味。经采后处理,既便于上柜销售,又方便消费者携带,有利于增强产品的市场竞争力,提高经济效益。

十三、番茄创意经营模式及规 模化生产经济效益分析

　　随着农业生产现代化的不断推进,创意农业园区、农业公园、观光采摘园和家庭农场等生产经营模式的建立和运作,对于农业种植结构的调整、农业现有增长方式的转变、新型农业生产方式的培养、农民分散经营局面的改变、农民经济收入的增加等具有十分重要的实践意义。本部分内容针对如何提高番茄生产经济效益,主要介绍了番茄规模化生产的设计建造、经营管理、效益分析等,以及番茄产业未来的市场发展方向,以期为经营者和种植户提供参考。

178. 创意农业的概念是什么?

创意农业的概念是利用农村的生产、生活、生态这"三生"资源,以市场为导向,发挥创意、创新构思,将农业的产前、产中和产后诸环节联结为完整的产业链条,研发设计出具有独特性的创意农产品或活动,使其产生更高的附加值,以提升现代农业的价值与产值,创造出新的、优质的农产品和农村消费市场与旅游市场,实现资源优化配置的一种新型的农业经营方式。创意农业是农产品和文化创意相融合的新型业态,它充满了创造力、想象力和艺术感染力,既具有创意产业的共有属性和特征,也具有农业特色。

179. 番茄创意包括哪些方面?

番茄创意是以特色优质、富有创意的产品为核心,形成包括种植产业、加工产业、旅游产业等配套产业、衍生产业的产业群,让人们充分享受农业价值创新的成果。番茄创意主要体现在三个方面:一是思维创新,把科技创新与文化创意并举,实现"双创"战略,使科技和文化成为驱动番茄产业发展的两大引擎。二是模式创新,构建多层次的产业链和价值体系,通过番茄创意把文化艺术活动、农业技术、农产品和农耕活动,以及市场需求有机联结起来,形成彼此良性互动的产业价值体系。三是功能创新,以独特的番茄创意为抓手,以优美的自然农业生态为依托,以高效的农业生产为基础,以提高人民生活品质为依归,从而构建出经济生态、自然生态、文化社会生态"三位一体"的生态文明。如为吸引游客,番茄创意的设计要富有特色,具有唯一性,在整体景观设计上就要突出番茄创意和与众不同,各种小品设计要与番茄主题相匹配,并突出大自然的气息。

180. 番茄创意都包括哪些类型?

番茄创意类型包括发展规划型、园区设计型、废弃物利用型、用途转化型、文化开发型等;见表7。

表7　番茄创意类型

类型	内容
发展规划型	在现有基础上,对未来番茄创意进行设计的一种创新活动。因此,番茄产业发展规划或项目规划在整体上就是一个创意产品。如农业公园、观光采摘园等的规划设计
园区设计型	不管是以科技展示为主题的农业科技园,还是以观光休闲为主题的农业观光园,都是番茄创意设计最集中的地方。如利用种植成片的色彩丰富的番茄,营造如诗如画的田园美景,挖掘农业美学文化的潜力,将农业的田园景观功能发挥到极致
废弃物利用型	将农业或生活的废弃物,通过巧妙的构思,制作成实用品或工艺品。如用废弃的番茄茎秆作画,用番茄叶子粘贴写意画等
用途转化型	改变某种农产品的常规用途,赋予其新的创意。如通常长在田间可供食用的番茄,可以将其微型化,做成观、食两用的盆果、盆菜
文化开发型	利用各种有关番茄的童话传说、文化内涵、保健作用和生物特性,开发节日庆典活动和精美的番茄工艺品。文化搭台,经济唱戏,已经成为提升地方知名度、发展地方经济的一个常用手段。如通过番茄嘉年华活动,可以在本地掀起旅游农业的高潮,促进农产品的市场销售

181. 影响番茄种植经济效益有哪些方面？

番茄种植的经济效益受着多种因子的制约，但是，在这众多的因子当中最为主要的是产量、质量、产品价格和投入成本。

（1）产量　产量是决定经济效益的首要因素。它受光照强度、光照时间、温度、二氧化碳浓度、土壤水分、矿物质元素、叶面积系数、叶面积动态、叶片寿命、群体结构、品种特性、光合产物的运转规律和农业技术措施是否科学合理等多种因素的制约。

（2）质量　质量是决定经济效益的次要因素。它受多种因素制约：番茄生产中新技术新品种应用带来的潜在危害，如非法转基因品种、外来物种侵入等；投入品不合格产生的危害，如违规使用国家禁用的农药、生长调节剂、添加剂等有毒有害投入品，大量、超量或不合理地施用化肥和不按规定要求滥用农药，其有害物质残留于番茄中造成农残污染；产地环境污染造成番茄的质量安全问题，如工业污染等；番茄的储运销售过程中也存在众多质量安全问题，如包装储存过程中不合理或非法使用的保鲜剂、催化剂和包装运输材料中有害化学物等产生的污染。

（3）产品价格　产品价格是决定经济效益的另一主要因素。它受番茄种类、品种、商品性质与质量、商品包装、生产规模的大小、流通渠道是否畅通和季节差价等多种因素的影响。

（4）投入成本　投入成本的高低，既影响产品的质量、产量，又通过产品成本的高低直接影响着经济效益。一般规律是：在科学管理的前提下，经济效益随着投入（特别是施肥、灌溉、喷药等方面的投入）的增加而增加，但投入成本增加到一定程度以后，经济效益将不再随投入的增加而增加，甚至反而下降。在这里最重要的是各种技术措施科学，才能用较少的投入获取较高收入。技术措施不科学，投入得再多，也难以获取高收入。因而，投入一定要科学合理，要经济有效，切不可盲目无限度地增加。只有探索出最佳施肥量、肥料种类与配比、施肥时期、灌溉量、灌溉时期，以及科学合理用药，提高温室覆膜和温室的利用率，降低建设温室的成本，才能达到以比较少的投入，换取较大的经济收益。

182. 怎样提高番茄种植经济效益？

（1）提高光合效率，增加番茄产量　产量高低是影响番茄经济效益最主要因素，产量取决于光合作用。光合作用是植物叶片中的叶绿体（叶绿素）利用光能把二氧化碳和水转变成碳水化合物并放出氧气的过程。只有充分满足光合作用所需要的一切条件，才能最大限度地提高产量。

（2）提高经济系数　科学调控营养生长与生殖生长的关系，提高经济系数，既要维持健壮长势，又要使营养输入中心定位于番茄果实的生长发育，力争光合产物有较大的比例用于果实生长。

（3）加强全生育过程中的科学管理　合理地调控温度、湿度、光照等条件；适时、适量、合理的水肥供应；科学、无公害病虫害综合防治，确保植株健壮；最大限度地延长番茄植株的经济寿命。

（4）科学建造大棚温室　大棚温室番茄生产是在室内进行的，大棚温室结构性能直接影响着番茄生产的产量、质量与经济效益。所以建设一个保温性能好、透光率高、易管理的大棚温室，奠定良好基础，是提高番茄经济效益的首要条件。

（5）调控番茄果实采收期　通过种植时间、栽培设施与措施调控，使果实产量高峰期和采收高峰期恰好处于商品市场价格的最高价位期，以便获取更高的经济效益。

183. 不同规模的生产有哪些方式？

（1）0～100 亩传统农业生产方式　在这个规模范围，可通过农业劳动生产率的提高，以较少的农业劳动力从事生产，就能提供较多的农业产品。

（2）100～300 亩传统农业生产与农业机械化并行　在这个规模范围，有一定的土地生产规模和劳动力数量，但投资农业机械等方面还不足，在农业生产上是传统农业生产与机械化农业生并行，是从传统农业生产向农业机械化发展的阶段。

（3）300 亩及以上的机械化生产方式　规模达到 300 亩及以上时，仅仅增加劳动力的数量已经不能满足农业生产的需要，这个规模基本上通过农业机械进行农业生产。

184. 什么是适度规模？

适度规模，是指规模在合理区间，经济效益取得最大化。适度规模，通常是从土地经营面积、雇佣工人数量、生产产值等来分析，实质是优化生产要素的配置，降低单位产品的成本，获得最佳经济效益。从事不同的生产经营有不同的经济效益，如从事粮、棉、蔬菜等种植业生产和从事猪、鸡、鸭、鱼等养殖业生产，经济效益就存在很大的差异。客观标准是自身能够控制的生产要素以及经营能力，来确定经营规模的适度区间。适度规模应以经济效益即纯收入最大化为目的。收入主要是农业产品的收入，成本包括土地租金、资金使用成本、农资投入、人员工资、管理成本等。

185. 什么是创意农业园区？有哪些特征？

创意农业园区是增加以农产品附加值为目标，在生产、加工与营销过程中进行创意生产，创造农业独特的增收模式，构建具有独特创意生产方式和生活方式的农业园区。它有如下几个特征：

（1）以农业为主要创意对象　创意农业园区以农产品为主要创意对象，包括生产全过程（产中、产前、产后），农业投入品（技术、品种及物资等）及产出品（包括物质和精神产品）等，通过文化开发和科技手段做支撑，形成创意农业产品（物质产品和精神产品）。

（2）富含创意　正如创意是创意文化产业的核心要素，富含创意、智力密集是创意农业园区的重要特征。创意是一种智力劳动，创意农业产品凝聚着人的创造力。

（3）附加值高　创意农业园区的核心生产要素是信息、知识特别是文化和技术等无形资产，是具有自主知识产权的高附加价值产业园区。创意农业园区的科技和文化知识附加值会明显高于普通农产品及其服务，不仅能够提高农业综合效益，拓展农民就业空间，实现多环节增收，而且有利于全面提高产品性能、劳动生产率和资源利用率，为社会提供智能化、特色化、个性化、艺术化的创意产品和服务。

（4）产业融合度高　创意是技术、经济和文化等相互交融的产物，创意农业园区是多种产业的融合，具有多个产业的特征，所生产的产品是新思想、新技术、新内容的物化形式，是多知识、多学科、多文化和多种技术交叉、渗透辐射和融合的产物，产业间的界限更模糊。

186. 创意农业园区如何经营?

发展创意农业,应以农业园区为抓手。要鼓励各类农业园区在创意农业领域率先实践,摸索经验。政府对创意农业的投入可用来引导农业园区参与会展,并在创意农业技术创新上担任重要角色。

(1)要尽可能依托现有的农业园区和农林设施发展创意农业 可以把现在的农业园区、农业旅游示范区、农产品优势产区、农产品加工物流区等现代农业先行区作为重点,积极开展创意农业试点。

(2)充分挖掘其展示功能 在发展创意农产品种养的同时,逐步引入参与性的娱乐项目,使之成为集游览、观赏、采摘、科普于一体的休闲式、互动式的创意农业区。

(3)向观光型、度假型、节庆型方向发展 在项目选择上,要注重通过创意把文艺活动、农业技术、农产品和农耕活动、市场需求紧密结合起来,充分吸取北京、广州、成都等大城市郊区发展创意农业经验。

(4)项目构思要独特,条件利用要恰当 位于市郊区的农业园区,应既可观光游览,又可度假休闲,还可举办农业节庆活动,如草莓节、番茄节、南瓜节等,逐步形成具有本地特色的休闲观光农业基地。

187. 创意农业有哪些经典案例?

每个卖到 100 元的方形西瓜,好看、好玩的创意农产品礼篮 1 000 元,生产温室油桃亩产值 6 万元,种植香水百合鲜花亩效益达 10 万元,一盆创意盆景可以拍出 60 万元的天价……越来越多的农民尝到了甜头,发展创意农业产业成为农民的新追求。下面说说几个有关创意农艺的经典案例:

在浙江省慈溪市,梨树花期结束 10 d 后,将透明的瓶子套在梨上,梨采摘后,往瓶内灌装上好的高粱酒,浸泡 90 d 后就生产出"酒瓶梨"。瓶子是用食品级聚丙烯材料制作而成,由于密封程度好,其成熟期一般比普通梨要提前 5 d。由于从刚"出生"开始就"躲"进了瓶子里,完全隔断了农药及外部不利环境的影响,经有关部门检测,"酒瓶梨"的农药残留量为零,"酒瓶梨"在市场上卖出了每个 50 元的"天价",而且极为抢手。

在浙江省宁波市奉化市,通过生物技术培育出色彩斑斓的番茄、南瓜、茄子、甜椒等和各种盆景水果,使农产品既好吃又好看。还出现了"阳台农业",把经过培育的盆栽蔬菜送进市民的阳台、客厅,其价格是原来的十几倍。

在宁波市城郊,农民把自家的菜园分成小块,租给城市居民耕种,收入远远超过过去。

在四川省双流县,草莓经过情人节的创意包装,9 颗草莓卖到了 99 元。

在山东莱西市,农民用玉米皮的资源设计制作的草鞋成了时尚,他们用自纺的棉线做成鞋帮面,把草编工艺和中国结工艺巧妙结合,使草鞋以每双 20 美元的价格出口到很多国家,实现了致富的梦想。

188. 什么是农业公园?有哪些特征?

农业公园是把农业生产场所、产品消费场所和休闲旅游场所结合于一体的新型公园,是体现理想主义色彩的、朴素简约的现代农业艺术景观。农业公园包含了观光农园、休闲农园、教育农园、市民农园、生态农业观光园和休闲农业生态园。农业公园作为观光农业的一种重要形式，它既不同于纯粹的农业，也有别于一般的城市公园与风景区，它兼有农业的内涵与园林的特征，从自身属性看，农业公园是一个用多学科理论与先进技术武装起来，具有强大生产功能，优美旅游观光外貌，综合效益显著，多元化、复合型的生态经济系统，如生态农业观光园。我国农业公园在借鉴海外先进国家和地区有益经验的基础上有了长足的发展，对促进现代农业发展、新农村建设、新型城镇化和城乡生态文明建设，传承农耕文明与弘扬传统文化，提高农民收入和农村环境质量，促进经济社会生态和谐发展的重要意义，特别是农业公园建设对休闲农业发展的重要作用。

189. 农业公园如何设计？

农业公园规划设计不同于一般的城市公园和农业园区，由于农业的产业内涵和功能特征，加之生产、生活、生态的功能要相互协调，不仅要考虑生态和社会效益，还必须考虑经营者的经济利益。

相较于一般的城市公园，农业公园规划设计更需注重科学性和经济性，这是农业公园能够可持续发展的基础。而相较于一般的农业园区，农业公园又具有更高的园林景观艺术和休闲服务功能要求，农业公园规划设计也需要注重艺术性。因此，必须通过农学、园艺学、畜牧（水产）学、农业经济学、风景园林学、生态学、游憩学、建筑学等多学科和专业技术的交叉融合，才能有效提升农业公园建设规划设计水平。

以农业公园相关理论、实践探索和城乡绿地分类研究等成果为基础，结合现有的《公园设计规范》（CJJ 48—92），科学制定农业公园规划建设标准（或规范），由国家权威部门发布，各地严格按照标准（或规范）要求，结合现代休闲农业发展、新型城镇化与美丽乡村建设、环境保护与生态文明建设等具体情况，科学推进农业公园建设项目的申报、规划设计和建设运营。

农业公园规划设计要最大限度地发挥服务城市、美化乡村、改善生态、发展经济等综合功能。如在城乡一体化背景下，应进一步加强城乡绿地系统的组成与分类研究，将农业公园纳入绿地系统范畴，使农业公园这一新型农业模式和城乡绿色开放空间得到健康发展。

190. 观光采摘园有哪些创意模式？

近年来观光采摘园已经蓬勃发展，初步形成了观光观赏型、参与体验型、休闲度假型、民俗风情型、科普教育型、产业主导型以及生态养生型等创意农业发展模式。已完成由农民自发发展向各级政府规划引导转变，从简单"吃农家饭、住农家院、摘农家果"向回归自然、认识农业、怡情生活等方向转变，由最初的景区周边和个别城市郊区向更多适宜发展区域转变，由一家一户一园的分散状态向园区和集群发展转变，从以农户经营为主向农民合作组织经营、社会资本共同投资经营发展转变等转变。

如"紫海香堤艺术庄园"（以下简称香草园）位于北京市密云县古北口镇汤河村，主要种植薰衣草、紫苏、马鞭草、洋甘菊等世界 200 余种珍贵香草品种，是北京市规模最大、品种最全的香草种植园，是一个集养生、度假、休闲、体验、艺术创作、婚纱摄影、影视拍摄为一体的综合性都市型现代农业观光旅游区，也是集"现代都市型农业""情景式休闲度假"与"文化创意产业"三位一体的文化旅游模式。香草园以创意为切入点，爱情为主题，浪漫为形式,通过对香草文化的包装和利用,极力塑造普罗旺斯式的浪漫氛围,打造"长城脚下的普罗旺斯",创造了创意农业产业发展的一个典型模式。

191. 什么是家庭农场?有哪些特征?

家庭农场,一个起源于欧美的舶来名词,在中国,它类似于种养大户的升级版。当中央一号文件明确提出"家庭农场"概念后,在资本的催生下,农业的大规模产业化或将成为可能。家庭农场是由家庭经营的、对土地有较充分的使用或占有权,能够自主经营、并具有一定规模的农业生产组织。家庭农场是在坚持家庭联产承包责任制的基础上,对农业生产组织形式的创新,是家庭联产承包责任制的延伸和扩大。在我国,家庭农场的前景十分广阔。

在我国具有以下特征:

(1)家庭性　家庭农场以家庭为基本生产单位,收入归家庭所有。

(2)适度规模性　相对于以往的家庭联产承包责任制的单个农户经营,家庭农场已初步扩大了生产规模。

(3)营利性　家庭农场经营在扩大生产规模的基础上,能够获得相对分散经营更多的利益。

(4)企业化管理　家庭农场经营管理向着企业化方向发展,通过家庭成员集体决策,更具科学性。

192. 家庭农场的发展状况及存在哪些问题?

20世纪80年代,伴随着家庭承包经营与农业适度规模经营的发展,我国不少地区就开始了建立和发展家庭农场的探索。家庭承包经营普及之后,部分农户向集体承包较多土地,实行规模经营,是早期家庭农场的雏形。我国早期的家庭农场采用独立个体生产模式,将分散化的土地集中化,在提高农民生产积极性的同时,增加了农民收入,改善了农民的生活水平,在农业生产中占有重要地位。

20世纪90年代是家庭农场迅猛发展的黄金时期。以江浙一带为例,在农业规模经营中,家庭农场方式占绝大多数。这期间粮食产出大大增多,粮食商品率高达90%,人均收入提高了2~3倍。家庭农场的经济效益、社会效益促进了我国农业经济增长,为我国经济体制改革起到了示范作用。

办家庭农场的优点在于投资稳,成本低;市场庞大;农庄特色明显;竞争小、易成功;国家支持、税收减免;目前从中央到各省市都有大量农业扶持资金,涉及多个部门,项目多,资金多。2016年年底,农业部首次对全国家庭农场发展情况开展了统计调查。调查结果显示,目前我国家庭农场开始起步,表现出了较高的专业化和规模化水平。

(1)家庭农场已初具规模　截至2016年年底,据农业部对全国30个省、区、市(不含西藏自治区)44.5万户家庭农场专项统计调查,各类家庭农场的经营耕地面积达到5675万亩,平均每个家庭经营耕地在175亩左右。平均每个家庭农场有劳动力6人,其中家庭成员4.1人,长期雇工1.9人。

(2)家庭农场以种养业为主　在全部家庭农场中,从事种植业的有27.1万个,占60.8%;从事养殖业的有8.7万个,占19.5%;从事种养结合的有4.4万个,占9.9%;从事其他行业的有1.9万个,占4.2%。

(3)家庭农场生产经营规模大,经济效益好 家庭农场平均经营规模达到175亩,是全国承包农户平均经营耕地面积7.5亩的近24倍。2016年,各类家庭农场年销售农产品总值为1481.9亿元,平均每个家庭农场为33.3万元。

(4)地方注重扶持家庭农场发展 在全部家庭农场中,有6.2万个被认定为示范性家庭农场。2016年,全国各类扶持家庭农场发展资金总额达到15.5亿元。

(5)地区发展不平衡 我国家庭农场的发展呈现出地区不平衡性,江浙一带、北京密云、吉林延边等地区发展速度较快,数量较多,其他地区发展较慢。

193. 怎样分析种植50亩果(菜)园的经济效益?

以河南地区种植番茄为例,每亩地建设大棚费用10 000元,每亩地建设温室费用20 000元,每亩地平均设施费用15 000元。根据研究农机的工作效率及实地调研,应用农机化生产的种植型家庭农场按种植番茄50亩计算。

(1)农用机械的配置 根据实际情况及番茄的种植工艺要求,对于番茄种植机械进行了选型和配置,其农业机具的配置如表8所示。

表8 农业机具配置

序号	机械名称	单位	数量	型号	油耗(L/h)	价格(元)
1	四轮拖拉机	台	1	东方红250P	6	22 000
2	手扶拖拉机	台	1	东风201	2.6	5 500
3	牵引式起垄施肥机	台	1	华龙1GVF-120	6	9 000
4	覆膜机	台	1	华龙2MZ-110	1.5	12 000
5	自走式移栽机	台	1	华龙2ZZY-1A	2	40 000
6	农用超高压小型机动喷雾器	台	2		0.21	750
合计						90 000

(2)番茄种植成本 见表9。

表9 种植每亩番茄成本

序号	成本类型	每亩成本(元/亩)	备注
1	种子	550	
2	农药	800	
3	肥料	1 800	
4	农资	600	包括棚膜、薄膜等农用物资
5	农机折旧	171	农机折旧按10年计算,残值按原值5%计算
6	修理费	27	修理费按原值的1.5%计算
7	设施折旧	2 850	设施折旧按5年计算,残值按原值5%计算
8	水电油费	500	包括电费、水费、柴油等
9	租地费	1 000	
10	其他成本	1 200	包括临时用工费用,运输费用,其他杂费
总计		9 498	

(3)种植效益分析 按春茬每亩番茄的产量5 500~6 500 kg,平均亩产量为6 000 kg。

平均番茄价格为每千克1.8元。

1)50亩番茄的利润

总收入:种植亩数×平均亩产量×平均番茄价格

$=50 \times 6\ 000 \times 1.8 = 540\ 000$(元)

总成本:种植亩数×每亩成本

$=50 \times 9\ 498$

$=474\ 900$(元)

净利润:总收入-总成本

$=540\ 000 - 474\ 900$

$=65\ 100$(元)

2)投资回收期(农业种植周期)

总投资:农机费用+设施费用

$=90\ 000 + 15\ 000 \times 50$

$=840\ 000$(元)

投资回收期:总投资/(净利润+年农机折旧+年设施折旧)

$=840\ 000/(65\ 100 + 171 \times 50 + 2\ 850 \times 50)$

$=3.9$(年)

3)盈亏平衡分析

固定成本=(修理费+折旧)×亩数=$(27 + 171 + 2\ 850) \times 50 = 152\ 400$(元)

变动成本=(总成本-修理费-折旧)×亩数

$=(9\ 498 - 27 - 171 - 2\ 850) \times 50 = 336\ 000$(元)

种植面积生产利用率(盈亏平衡点)

$=$固定成本/(总收入-变动成本)

$=152\ 400/(540\ 000 - 336\ 000) = 74.7\%$

盈亏平衡种植面积:种植面积×种植面积生产利用率

$=50 \times 74.7\% = 37.35$(亩)

综上所述,50亩番茄的净利润为65 100元,主要是前期农机和设施费用投资较大,但在3.9年收回投资成本后,净利润会进一步加大;在番茄种植面积达到37.35亩时可实现盈亏平衡,即此时的净收益为零,当种植面积超过37.35亩时,才可实现盈利。要适度规模,从土地经营面积、雇佣工人数量、生产产值等来控制规模,以期达到优化生产要素的配置,降低单位产品的成本,获得最佳经济效益。

194. 如何加大番茄产后的增值?

面对激烈的市场竞争,加大番茄产后的增值是提高收入的根本途径。番茄产业要增强竞争力,必须在扩大规模、提升品质的同时,制定产后各个环节标准,加大品牌建设力度,拉伸番茄加工产业链。

(1)建设一套体系,统一产后各个环节 从机械化采收,到产品质量控制,到采收分级包装、冷库运营维护、物流配送等环节,实行严格的管理程序,形成一套完整体系,加强番茄产品的质量安全检测,建立强大的网络销售渠道,统一标准,统一质量,统一配送,统一价格。

（2）建设一个品牌，提升番茄产品档次和市场竞争力　充分利用蔬菜产业资源优势和优惠政策，进一步加大对农业龙头企业的扶持力度，培植壮大品牌创建主体。加强番茄产品认证与品牌建设，打造产品品牌，形成具有品牌的市场，争创名牌农产品、地理标志产品，充分挖掘优势农产品资源，集中培育了一批品牌产品和品牌企业。

（3）建设一条产业链，加强深加工产品的生产　当番茄滞销时，要延长产业链，进行深加工，开发出市场适销对路的产品，以增加附加值、提高收入。如把番茄加工成番茄酱和番茄汁可以获得很大的经济利益。目前番茄加工业总体上仍处于初级新产品加工为主的阶段，延伸产业链，大力发展深加工、精加工，增加产品附加值还具有很大的发展空间。

195. 如何做大做强番茄品牌？

做大做强番茄品牌，主要是坚持人无我有、人有我优，在品质上做文章、在市场上找出路、在宣传上下功夫，通过实施超市与基地对接、品牌番茄进社区、基地与加工销售企业合作等模式，使优质品牌番茄逐步占领中高端市场。

（1）加强标准化生产，提升品牌番茄质量　高品质是做大做强品牌的关键。应引导企业按国际标准建设基地，采取龙头企业与基地对接的形式，通过定向投入、定向服务、定向收购等方式，实现标准化生产。一是结合无公害标准化生产基地建设、设施农业、测土配方施肥等项目实施，引导支持企业按照无公害、绿色、有机及国际标准建设高标准生产基地和出口备案基地。二是通过制定产前、产中、产后各个环节的技术标准，规范企业基地生产，开展全程质量控制。三是在企业基地大力推行产地标识管理、产品条形码制度，做到质量有标准、过程有规范、销售有标志，打牢品牌发展的质量基础。

（2）明确市场定位，主攻中高端市场　品牌番茄生产成本和营销成本较高，产品销量相对较小，其市场定位是高收入群体，因此，要把北京、上海、广州中高端市场作为品牌番茄的主销市场，充分利用北京、上海、广州加工销售企业多、实力雄厚、需求量大的有利条件，加强与其对接与合作。

（3）加大宣传力度，提高品牌知名度　应把番茄品牌宣传作为推动产业提档升级的重要举措，充分利用农产品博览会、展销会等平台，参与展示展销；通过电视、广播、报纸、网络等各类媒体进行广泛宣传，运用多种渠道展示品牌形象，扩大社会影响，提高品牌效应。

196. 如何拓展番茄的产业链条？

扶持壮大现有的对产业拉动能力强的农产品精深加工龙头企业，通过招商引资等途径引进一批企业，加强对初级农产品的加工研发，如对番茄系列保健品的研发，增加特色农产品附加值。进一步强化企业、合作社与农民之间的利益联系、风险共担的产销衔接和订单履约机制，更好地发挥龙头企业的带动作用，促进生产的规模化、经营的市场化和产品的订单化。如针对番茄加工产业，鼓励当地番茄加工龙头企业建立番茄生产基地，实现原材料本地种植，推广"公司＋基地＋合作社＋农户"的发展模式，建立番茄种植基地，与当地种植大户和合作社签订合同实施订单生产，降低原材料成本和违约风险。

197. 如何开拓番茄的市场销路？

以优质番茄为主的农产品为依托，以自然生态为切入点，找准开拓市场的着力点。第一，牢固树立营销意识，通过电视营销、报纸广告、网站推介等途径和举办文化节、采摘节等方式大力宣传有机绿色概念，塑造原生态形象。第二，利用农商超市、直销配送、网上销售、连锁经营等现代流通方式，降低流通成本，拓宽销售渠道，配送辐射至北京、上海、广州等大中城市。第三，凝聚力量，抱团发展，提高市场占有率，成立农民专业合作联合社，配备保鲜冷库、配送工场、专业配送车辆，实行统一标准、统一包装、统一标识、统一检测、统一进入市场，实现生产、仓储、物流、销售一体化。

198. 如何做好农村电商？

众所周知，过去几十年间，中国城市的发展是以对农村土地和资源的掠夺来实现的。而与城市商业的欣欣向荣形成鲜明对比的是，农村劳动力的大量流失，农村土地的成片荒废。进入互联网时代，从新一轮商业发展趋势来看，电商已然成为商业模式及互联网变现的焦点。然而，炙手可热的电商模式红利能否也惠及农村？

（1）农村做电商卖点啥　目前来看，有成功案例可循的品类则主要集中在坚果、部分耐储存的水果、物流便利的农副产品上。实际上，在中国这片地大物博的土地上，许多县市都有自己的特色农副产品。笔者老家在中部的一个地级市，工业不发达，服务业也非常落后，但出产的番茄酱，味道香醇，零食佐餐皆相宜，很受本地人欢迎。这些有一定溢价空间的农家特产，在存储和运输上，与普通快递并无太大区别。只是长久以来，因缺乏宣传推广，未能走出地方，面向全国。如今有了电商的发展，一切都成了可能。解决了卖什么的问题，接下来是卖给谁。

（2）农村做电商卖给谁　农村经济体做电商，基础消费群体可从以下两个方向着手。

1）卖给出走外地的本乡本省游子　80后、90后年轻人外出务工者很多，这些年轻人受教育程度比起10来年前的务工群体要高，接触互联网的时间比较长，也都有网络购物的习惯。常年在外，家乡味道让人眷念。一旦打开缺口，口碑传播带来的营销效应，要比钻石展位、直通车、SEM推广强得多。而食品类的日常商品，复购率较高，只要有一定数量的回头客，特色农副产品电商就有望盈利。

2）卖给有地方风物爱好的尝鲜者　"吃货"群体，最有可能出现敢于尝鲜的人。找到他们，成为社群的一分子，通过他们的认可，再经由他们进行主动传播。"吃货"不仅能吃，大部分也热衷于晒美食，喜欢在各种美食社群上抱团，在饮食上对周围亲友的影响力也较大。因此，如能借助"吃货"的力量，形成核心消费群体，辐射的潜在消费群也十分可观。

（3）农村做电商谁投资　对于那些没有产业集群优势，也没有地方能人可以带路的乡镇，依靠集体的力量相对来说比较可行。农村合作社牵头，在自愿自发的原则下，通过集体合资，筹建电商运营团队，集体分担风险。或者以集体名义，与第三方电商公司洽谈合作。农合社负责组织收购，控制特色农副产品质量，确保供货，电商公司负责运营销售。如此一来，特色农副产品因非标准化规模化生产，可能导致的产量跟不上销量的问题，也能有效解决。然而无论哪一种模式都离不开地方政策的扶持与引导，而地方政府在该模式里，扮演的是既要引导又不能介入过多的角色，颇具考验。

（4）农村做电商在哪儿卖　初涉电商，风险抵抗能力较弱的农村经济体，光淘宝流量获取所需的直通车、布展、活动促销，都是一笔不菲的投入，百度和腾讯这两大流量入口的购买恐怕早就是农村经济体不能承受之重了。要知道，如今淘宝天猫最好的创业时机已经过去，流量获取成本持续走高的趋势也无法避免。农村经济体做电商，集中人力物力，做好淘宝天猫足矣。

小结：伴随着农地流转和新型农业经营主体的培育，在全国各地催生了一批具有现代农业特征的农业园区、农业公园和家庭农场等规模化经营模式，在农业生产上具有减少用工投入、提高生产效率的优势，已经成为推进农业规模经营、转变农业发展方式、提高农业生产效益的重要组织形式。但是，与国外相比，我国番茄种植模式和经营模式相对落后，农业机械化使用较少，生产效率和经济效益较低，如何提高番茄种植经济效益全面推进传统农业改造、升级，如何应用互联网思维为传统农业注入新的增长动力，是提升我国番茄产业水平的关键。

十四、新型农业设施与设备在番茄生产上的应用

  随着现代农业的快速发展,农业智能化、机械化程度不断提高,一些新型智能的先进技术、设施设备广泛应用于番茄生产,不但节省了大量劳动力,而且成倍提高了工作效率。本部分内容针对设施工程、环境调控以及育苗、栽培、采收技术等方面,主要介绍了农业物联网、智能水肥一体化等先进技术以及智能温室、智能机器人、耕作机械、植保机械等设施设备,为番茄生产实现标准化、自动化、信息化、机械化提供参考。

199. 物联网的概念是什么？

物联网不同于传统信息化，它以有效应用为主，主要通过传感器、射频识别等方式获取物理世界的各种信息，结合互联网、移动通信网等网络进行信息的传送与交互，采用智能计算技术对信息进行分析处理，从而提升对物质世界的感知能力，实现智能化的决策和控制。

具体到蔬菜种植上，就是无论严寒酷暑，还是刮风下雨，在办公室或家里，轻轻点击鼠标或是滑动一下智能手机，就能掌握蔬菜大棚内的温度、湿度、二氧化碳、光照等数据，还能自动给蔬菜浇水、让大棚通风……这就是借助传感器、云通信、云计算等手段，实现对农产品的生长环境及生产、加工、流通、销售等过程的精准化、智能化管理，称为农业物联网。

200. 农业物联网有哪些优点？

农业物联网的优点，就是通过精准的控制，优化农作物的生长环境，可以创造适合作物生长的最佳环境，从而大大提高农作物的品质。而管理水平也得到了较大的提高，大大缩短了处理等量任务的时间，减少了时间成本。

农业物联网技术的发展，是实现传统蔬菜种植业向现代蔬菜种植业转化的助推器和加速器，也将为培育物联网蔬菜种植业应用相关新兴技术和服务产业发展提供无限商机。围绕农业发展需求，加大物联网技术在蔬菜种植业的研究应用推进力度，努力突破蔬菜种植业应用核心技术，实现蔬菜种植业生产管理过程中对动植物、土壤、环境从宏观到微观的实时监测，定期获取动植物生长发育状态、病虫害、水肥状况以及相应生态环境的实时信息，并通过对蔬菜种植业生产过程的动态模拟和对生长环境因子的科学调控，达到合理使用蔬菜种植业资源、降低生产成本、改善生态环境、提高农产品产量和品质的目的，见图33。因此，以信息传感设备、传感网、互联网和智能信息处理为核心的物联网必将在蔬菜种植领域得到广泛应用，并将进一步促进信息技术与农业现代化的深入融合。

图33　温室大棚监控系统

201. 农业物联网在番茄生产中有哪些应用？

（1）全程自动控制技术　一是实现番茄种植基本设施建设信息化和自控化，如灌溉工程中水泵抽水和沟渠灌溉排水的时间流量全部实施信息自动传输和计算机自动控制。二是在番茄种植过程中实现对温度、湿度、光照、二氧化碳浓度、施肥量的控制，并达到最优化，实现随时随地通过网络远程获取环境状况进行智能分析，自动控制，使蔬菜种植处于适宜的生长环境。三是在番茄进行冷库储存时，内部环境因素变化监测、调节和控制完全通过信息系统运行来实现。

（2）病虫害绿色防控技术　近年来，番茄病虫害发生种类繁多、程度严重，且药剂品种繁杂，防治效果很难达到理想目标。使用物联网技术，利用传感器实时监控病虫害发生，对虫口密度、暴发时间等内容进行数据分析，实现精确预报和精准用药，可以提高番茄品质、减少农药使用、保护生态环境安全，实现生态控制、生物防治和化学调控等环境友好型防控技术措施来控制有害生物的"绿色防控"，提高病虫害防控水平、保护生态环境安全，见图34。

图34　土传病虫害防控机

（3）农产品生产全程追溯系统　以农业企业档案数据为基础，围绕"生产、管理、销售"三条主线，对番茄的栽培环境、生产活动、销售状况实施电子化管理。为了使消费者了解番茄的种源情况、生产基地环境质量、生产操作过程、用料用药情况、加工销售过程等各个环节，结合目前先进的条码技术对番茄的流通进行编码，从而建立安全的农产品生产全程追溯系统。

202. 水肥一体化技术的概念是什么?

水肥一体化技术是将灌溉与施肥融为一体的农业新技术。水肥一体化是借助压力系统(或地形自然落差),将可溶性固体或液体肥料,按土壤养分含量和作物需肥规律和特点,配成肥液与灌溉水一起,通过可控管道系统供水、供肥,见图35。

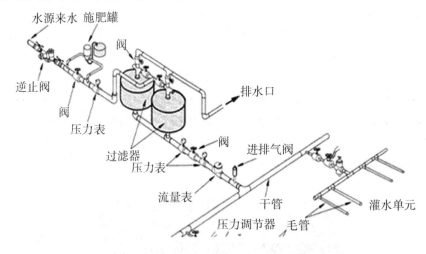

图35 水肥一体化系统

203. 水肥一体化技术有哪些优点?

水肥一体化技术的优点是灌溉施肥的肥效快,养分利用率提高。它可以避免肥料施在较干的表土层易引起的挥发损失、溶解慢,最终肥效发挥慢的问题;尤其避免了铵态和尿素态氮肥施在地表挥发损失的问题,既节约氮肥又有利于环境保护。所以水肥一体化技术使肥料的利用率大幅度提高。据华南农业大学张承林教授研究,灌溉施肥体系比常规施肥节省肥料50% ~ 70%;同时,大大降低了设施蔬菜和果园中因过量施肥而造成的水体污染问题。由于水肥一体化技术通过人为定量调控,满足作物在关键生育期"吃饱喝足"的需要,杜绝了任何缺素症状,因而在生产上可达到作物的产量和品质均良好的目标。

204. 水肥一体化技术在番茄生产中有哪些技术要点?

水肥一体化技术是一项综合技术,涉及农田灌溉、作物栽培和土壤耕作等多方面,其在番茄生产中主要技术要点须注意以下几方面:

(1)滴灌系统 在设计方面,要根据地形、田块、单元、土壤质地、作物种植方式、水源特点等基本情况,设计管道系统的埋设深度、长度、灌区面积等。水肥一体化的灌水方式可采用管道灌溉、喷灌、微喷灌、泵加压滴灌、重力滴灌、渗灌、小管出流等。特别忌用大水漫灌,这容易造成氮素损失,同时也降低水分利用率。

(2)施肥系统 在田间要设计为定量施肥,包括蓄水池和混肥池的位置、容量、出口、施肥管道、分配器阀门、水泵肥泵等,见图36。

(3)选择适宜肥料种类 可选液态或固态肥料,如氨水、尿素、硫铵、硝铵、磷酸一铵、磷酸二铵、氯化钾、硫酸钾、硝酸钾、硝酸钙、硫酸镁等肥料；固态以粉状或小块状为首选，要求水溶性强，含杂质少，一般不应该用颗粒状复合肥（包括中外产品）；如果用沼液或腐殖酸液肥，必须经过过滤，以免堵塞管道。

图36　水肥一体化施肥系统

205. 水肥一体化技术与农业物联网怎样结合?

　　水肥一体化技术与农业物联网结合，开发滴灌水肥一体化自动化控制系统，可以利用埋在地下的湿度传感器传回土壤湿度的信息，以此来针对性的调节灌溉水量和灌溉次数，使得作物获得最佳需水量。还有的传感系统能通过监测植物的茎和果实的直径变化，来决定对植物的灌溉间隔。该系统采用水肥一体化自控、物联网监控及膜下滴灌等先进技术，可实现：远程登录，视频查看现场实况；无线传感，种植区实时墒情监测；预警系统，根据数据分析，及时灌溉施肥。

　　将物联网系统与水肥一体化技术相结合，高效节水节肥，且绿色环保，十分符合降水少、蒸发快的特殊地理环境需求。

206. 什么是智能农业?

　　智能农业是农业现代化的一个极为重要的标志，它将主导一个时期农业发展的方向，成为实现农业健康、高速、可持续发展的强大推动力。国家"十二五"科技发展规划纲要专门把"智能农业装备与设施"列为农村科技计划领域的重大专题，充分表明了国家对于农业现代化发展的高度重视。根据经济理论和发达国家经验，智能农业快速发展将全面推进传统农业改造、升级,智能农业的应用将为传统农业注入新的增长动力。

智能农业应用广泛,产业链长,市场前景十分广阔。此领域是通过感测端、控制端和执行端三个工作层面的配合,建立起一个巨大的传感网络,对蔬菜种植、花卉园艺、果园茶园、水产养殖、畜禽养殖和食用菌培养等农业项目的生长环境进行有效监控。从上述领域国内已有的示范基地来看,应用智能农业技术的温室大棚与传统温室大棚相比,既节省了人力投入,也低了生产成本投入。一方面此类农业项目将人工造成的浪费降低到一个极低的水平,另一方面也让农民充分且高效地利用土地,获取更好的经济利益。

207. 智能温室生产番茄有哪些特点?

智能温室采用无线传感技术,通过安装各类传感器可实时采集温室内温度、露点温度、湿度、光照、土壤温度、土壤湿度、二氧化碳浓度及植物叶绿素、养分和水分等环境参数和植物生长信息,以直观的图表和曲线的方式显示给用户,并可根据种植作物的需求提供各种声光报警信息。当温湿度超过设定值的时候,自动开启或者关闭指定设备,见图37。

智能温室利用环境数据与作物信息,指导用户进行正确的栽培管理,番茄生产自动化水平显著提高,资源占有率明显降低,生产效率及产品质量得到很大提高,可实现对设施番茄综合生态信息参数的自动监测、对环境进行自动控制和智能化管理。

图37 智能温室监控系统

智能温室在番茄生产中具有如下特点:①连续实时、准确监测和记录所有与番茄相关的环境因子,以此为基础可建立番茄生长环境数据库,为研究和筛选最佳环境因子组合提供数据平台。②控制番茄生长营养液(营养液成分、浓度、pH、供肥/水/时间控制)。③病虫害防治(病虫监测与农药自动喷洒时间及浓度控制)。④通过研究与建立设施番茄模拟模型这一有力工具可以帮助人们理解和认识环境因子与生物因子之间的基本规律和量化关系,并对番茄生长系统的动态行为和最后生产进行预测,从而辅助进行对番茄生长和生产系统的适时合理调控,以及对番茄生长和采收期的智能管理,协调投入产出比,实现高产、优质、高效和持续发展的目标。⑤完全适应实施农业日常管理的需要。不但可以通过系统来进行调控优化设施内番茄生长的环境和提供栽培措施方案,而且可远距离传输和操控,实现无人值守的安全管理。⑥利用最先进的生物模拟技术,模拟出最适合棚内番茄生长的环境,采用温度、湿度、二氧化碳、光照度传感器等感知大棚的各项环境指标,并通过微机进行数据分析,对棚内的水帘、风机、遮阳板等设施实施监控,从而改变大棚内部的番茄生长环境。⑦可随着技术进步升级、功能扩展,多界面人机交流,易操控,易维护。⑧实现经济化管理、智能化控制。

208. 番茄生产中有哪些新型耕作装备?

耕整地作业包括翻土、松土、覆盖杂草或肥料、镇压、培土、开沟等项目,耕整地后地表要平整,土块松碎,地表无大土块,上实下虚,地头地边整齐。以下介绍几种常用的耕作装备。

(1)铧式犁 铧式犁是一种耕地的农具,为全悬挂式铧式犁,由在一根横梁端部的厚重的刃构成,通常系在一组牵引它的牲畜或机动车上,用来破碎土块并耕出槽沟从而为播种做好准备。铧式犁按犁体数可分为单铧、双铧和多铧;按其翻土方向又可分为单向和双向两种;按其与动力机的挂接方式可分为牵引式和悬挂式,见图38。

图38 铧式犁

(2)圆盘耙 圆盘耙主要用于耕后整地,进行表土破碎、平整地表、消除表土内的大孔隙,也可用于收获后的浅耕灭茬和撒播肥料后的搅拌覆盖等作业。圆盘耙按耙组的排列有单列和双列之分,按其结构又有对置式和偏置式。对置式耙组对称配置在拖拉机中心线的两侧,偏置式耙组偏置于拖拉机中心线的右侧;按照与拖拉机的挂接方式,圆盘耙又分为牵引式和悬挂式;按照机重和耙片直径又可分为重型、中型和轻型3种,见图39。

图 39　圆盘耙

（3）镇压器　镇压器主要有 V 型镇压器、网纹镇压器、圆筒镇压器等几种。V 型镇压器由若干个具有 V 形边缘的铸铁镇压轮串在一根轴上组成,其特点是镇压后的地表呈波纹状,既有利于减少水分的蒸发,也有利于下层水沿毛细管上升;网纹镇压器由若干个具有网纹凸齿的铸铁轮环串装在轮轴上组成,用网纹镇压器镇压后的地表为网纹状,网眼处为松土,局部被压实,可以减少水分蒸发;圆筒镇压器由于将地表压平,容易造成水分蒸发,故已很少采用。

（4）旋耕机　旋耕机是由动力驱动工作部件耕作的机具,能一次完成耕耙作业,其特点是切土、碎土能力强、耕后地表平整、土壤松碎细软、土肥混合能力好,能满足设施农业精耕细作的要求,还能抢农时,节约劳力。

（5）微耕机　微型耕作机也叫微耕机、田园管理机。它属于拖拉机变异,具有独特的工作方式和结构特性。微耕机具有体积小、结构简单、容易操作、功率输出大、综合利用好等特点,适用于温室大棚、山区和丘陵的旱地、水田、果园、菜地、崎岖狭小地块和复杂地理条件等处的耕作,配套不同作业机具,可实现一机多用,包括犁耕、旋耕、开沟、起垄、喷药等作业,部分机型还具有覆膜、播种等功能。

（6）智能耕作装备　智能耕作装备是在拖拉机的基础上加上方位传感器和嵌入式智能系统等,可在耕作场内辨别自身位置,推动执行机构动作,实现无人驾驶;配上各种农具,能进行各种田间作业,从而保证田间垄作方向正确与耕作精准。随着 GPS（全球卫星定位系统）的应用,卫星导航和精确定位行驶发展成熟,智能耕作装备的技术也随之成熟,并已处于实用性阶段。

209. 番茄生产中有哪些新型起垄装备？

标准化、高质量的整地起垄是实现设施蔬菜生产全程机械化的基础,不仅有利于各作业环节间的机具衔接配套,也有利于提高后续作业效率。设施蔬菜生产对整地起垄总体要求可总结为:浅层碎、深层粗、耕要深、垄要平、沟要宽。

根据土壤特性、蔬菜作物的农艺要求和动力匹配等因素选择合理的起垄机械。起垄机具进地前应根据不同的蔬菜作物调整好起垄垄距和垄高。对于栽植深度要求较大的蔬菜品种可选择开沟机,后期再进行二次修垄。目前我国机械起垄方式主要有开沟起垄、微型旋耕起垄和旋耕起垄施肥镇压联合复式作业等。开沟起垄主要适用于高垄种植的蔬菜品种;微型旋耕起垄主要适用丘陵地区和6m大棚;复式作业机是目前主要起垄作业机型,具有作业质量好、机具适用性广、作业效率高等优点。

国内设施蔬菜起垄机具生产厂家较少,主要集中在江苏、上海和山东等地。主要有上海农业机械研究所、盐城盐海拖拉机厂、黑龙江农业机械工程科学研究院、山东青州华龙机械科技有限公司和山东华兴机械股份有限公司。国外起垄机具生产企业有意大利 COSMECO 公司、意大利 HORTECH 公司、日本 YANMAR 公司和德国 GRIMM 公司,见图40。

图40　番茄生产新型起垄装备

210. 番茄生产中有哪些新型覆膜装备？

覆膜装备种类繁多,功能各异。从配套动力来分,主要有人畜力牵引、手扶拖拉机牵引、四轮拖拉机牵引等三类机型。从结构功能上可分为两类,一类是只具有覆膜作业单一功能的单一型覆膜机,另一类则是具有旋耕、整地、起垄、施肥、覆膜、播种等多种功能的联合型覆膜机。

(1)单一型覆膜机　单一型覆膜机结构简单,主要由机架、地轮、起土铧、挂膜架、压膜轮架、压膜轮、覆土圆盘、手把焊台等部分组成,可采用小四轮拖拉机或畜力牵引,实现单行作业。它依靠机组前进的牵引力使地膜在纵向延伸,通过压膜轮和覆土圆盘将地膜横向压紧并使其绷紧在垄面上,从而完成铺膜作业。代表机型有黑龙江农业机械工程科学研究院的1M－1型大小垄通用覆膜机。

（2）施肥覆膜机　施肥覆膜机主要由机架、开沟铲、传动装置、土壤升运装置、整形限深装置、挂膜装置、土壤分流装置和施肥装置等组成。机具前进时，开沟铲入土开沟，翻到两边的土壤由整形限深装置进行修整，中间的土壤沿着铲面上升到土壤升运装置，经由输送带升运到土槽，随后由土壤分流装置分配下滑到地膜两侧。传动轴同时驱动施肥装置，将肥料沿输送管施入垄沟的土壤内，以便向两侧作物供肥，见图41。

图41　三垄起垄施肥覆膜机

（3）旋耕覆膜机　旋耕覆膜机主要由机架、传动箱、旋耕机构、整形装置和覆膜工作部件等部分组成，与四轮拖拉机配套使用，可同时完成旋耕、整地、起垄、覆膜等多项作业。作业时，动力输出轴驱动旋耕刀轴旋耕土壤，整形装置将旋耕后抛的土壤收集并起垄成形，地膜沿垄面铺展并将垄顶压实，两侧的压膜轮把地膜边缘压入开沟刀开出的沟中，使其横向拉紧，覆土器则将余土覆盖在地膜边缘将其压实。该类覆膜机的代表机型有北京大兴农机研究所的1QLFM－2型甘薯起垄覆膜机。如图42所示。

图42　旋耕起垄施肥覆膜机

（4）播种覆膜机　播种覆膜机主要由机架、开沟取土机构、覆土机构、传动机构、播种机构及覆膜机构等组成。按铺膜、播种先后不同可分为两种类型,一种是先播种后铺膜的膜下播种铺膜机,一种是先铺膜后播种的膜上打穴铺膜播种机。其取土覆膜工作原理和施肥覆膜机相同。该类覆膜机的代表机型有内蒙古赤峰市农牧业机械化研究推广中心的2BSKQM－2型双垄开沟全覆膜施肥精量播种机。

211. 番茄生产中有哪些新型施肥装备?

肥料是农业生产的基础物资,施肥机械是合理施用肥料的基本手段。肥料施用机械包括离心圆盘式撒肥机、桨叶式撒肥机、锤片式撒肥机、液体肥料施肥机械、变量施肥机械、灌溉施肥机械等。

(1)离心圆盘式撒肥机　主要工作原理是肥料经重力从肥料箱下落到高速旋转撒肥盘上,利用撒肥盘所产生的离心力,将肥料抛撒到田间。可设计为单盘或双盘,工作效率高。该机型的缺点为沿横向与纵向分布不均匀。该机型的典型代表为法国格力格尔－贝松公司生产的DPX Prima撒肥机。该机的肥箱体积最大为2 100 L,撒肥量为3～1 000 kg/hm²,可调。

(2)桨叶式撒肥机　该类型撒肥机的工作原理是车厢中的肥料通过输送机构,输送到抛撒部位,抛撒部位是一个高速旋转的桨片,肥料输送到高速旋转的桨片时,桨片将肥料旋转撞击,抛撒到田间。该机的缺点与圆盘式撒肥机相同,沿横向与纵向分布不是均匀的。其代表机型为法国库恩公司的Pro Push 2000系列撒肥机,它是以结构简单为设计宗旨:液压推进的方式取代了刮板链条,减少了运动部件,卸料更快速,使用寿命长。

(3)锤片式撒肥机　该机是一种侧式抛肥机,其抛撒器采用锤片式,当物料运送至卸料口时,高速运动的锤片将物料撕裂、粉碎,并自而上将物料抛出。它可以抛撒堆肥、厩肥、泥浆、垫料等。该类型撒肥机典型代表是库恩公司生产的Pro Twin 8150型侧式抛撒机,它采用双搅龙设计,能将物料均匀而连续地送至出料口。左侧搅龙把物料向前送至锤片式的出料口,右侧略高的搅龙把物料推向后方,同时保持为左侧搅龙送料。当物料进入锤片式出料口时,每个抛撒锤片都快速抽击物料,进行分离、粉碎,从下往上,均匀、定量地抛撒。

(4)液体肥料施肥机械　这里指的液体肥料施肥机是直接将液体肥施入土壤的机械,包括有压液氨和无压的尿素硝铵溶液。美国的液体肥料发展较早,特别是液氨。很早美国就研制了液氨施肥机械。其组成主要由液氨罐、排液分配器、液肥开沟器及操纵控制装置组成。液氨通过加液阀注入罐内。排液分配器的作用是将液氨分配并送至各个施肥开沟器。排液分配器内的液氨压力由调节阀控制。施肥开沟器为圆盘－凿铲式,其后部装有直径为10 mm左右的输液管,管的下部有2个出液孔。镇压轮用来及时压密施肥后的土壤,以防氨的挥发损失。主要代表机型有John Deere公司生产的2 510 L型液体肥料施肥机,该机展宽20.1 m,肥料筒容积9 085 L,注肥深度50.8 cm。

(5)变量施肥机械　20世纪80年代以后,随着精准农业技术的发展,信息技术与传统施肥技术相结合,出现了变量施肥技术及其设备。目前根据变量施肥机的工作原理可分为两类,一类是基于3S技术的变量施肥机,另一类是基于传感器技术的变量施肥机;根据肥料的种类,可分为固体肥料变量施肥机和液体肥料变量施肥机。目前,变量施肥机在世界各大公司都有生产,美国的AGCO公司、日本的Hatsuta公司等都生产与变量施肥有关的整机或控制设备及信息技术设备等。

（6）灌溉施肥机械　灌溉施肥是将肥料通过灌溉水带入农田的施肥方式。目前国际上以以色列的技术较为先进，其主要原理是通过一定的设备把液体肥料带入灌溉水中，以灌溉水为载体，把肥料带入农田。这些设备主要有压差溶肥罐、文丘里注肥器、电动注肥泵、比例注肥泵等。近年来，在此基础上又进行很多现代化的改进，形成了一系列的自动施肥机等设备，该设备的主要代表型号是以色列 Netafim 公司的系列产品。

（7）智能施肥装备　除具备在田间作业自动行驶的功能外，会根据土壤和作物种类的不同，自动按不同比例配备营养液，计算施肥总量，降低农业成本，减少施肥过多产生的污染。

212. 番茄生产中有哪些新型除草装备？

保护性耕作中，杂草控制是十分重要的，通常采用化学除草机械、物理除草机械独立应用或相互结合的方式控制杂草。

（1）化学除草机械

1）背负式机动喷雾器　背负式机动喷雾喷粉机是由汽油机驱动，采用气流输粉、气压输液、气力喷雾原理的植保机具。可进行弥雾、喷粉、撒颗粒、喷烟、喷火、超低容量喷雾等作业。背负机由于具有操纵轻便、灵活、生产效率高等特点，它不受地理条件限制，在山区、丘陵地区及零散地块上都很适用。

2）担架式机动喷雾机　机具的各个工作部件装在像担架的机架上，作业时由人抬着担架进行转移的机动喷雾机叫作担架式喷雾机。

3）悬挂式喷杆喷雾机　喷杆喷雾机是装有横喷杆或竖喷杆的一种液力喷雾机，可广泛用于农作物的播前、苗前土壤处理、作物生长前期除草及病虫害防治。装有吊杆的喷杆喷雾机与高地隙拖拉机配套使用可进行作物生长中后期病虫害防治，是一种理想的大型植保机具，近年来在国内深受青睐。

（2）物理除草机械　物理除草机械包括汽油机、减速换向机构、垄沟底面除草机构、垄沟侧面除草机构、机架等部件组成，由于受起垄作业及环境的影响，垄沟斜面角度会发生变化，所以在除草的过程中要求垄沟侧面的除草机构具有角度可调节的功能。

（3）智能除草装备　采用了先进的计算机图像识别系统、GPS 系统，其特点是利用图像处理技术自动识别杂草，利用 GPS 接收器做出杂草位置的坐标定位图。机械杆式喷雾器根据杂草种类数量自动进行除草剂的选择和喷洒。如果引入田间害虫图像的数据库，还可根据害虫的种类与数量进行农药的喷洒，起到精确除害、保护益虫、防止农药过量污染环境的作用。

213. 番茄生产中有哪些新型穴盘育苗播种装备？

目前育苗工厂已大规模开发使用温室机械化育苗播种成套设备，该类成套设备可将穴盘装土、刮平、压窝、播种、覆土和浇水等多道工序，在一条流水作业线上自动完成。使用成套设备可大大提高生产效率，降低工人劳动强度；通过电脑预设压窝深度、覆土厚度、压实度还可适用于不同种类种子育苗，提高种苗出苗率及种苗质量。主流穴盘播种机械采用的排种器，依排种器工作原理，可分为机械式及气力式；按自动化程度，可分为半自动式和全自动式;按照结构不同,可分为针式、板式、滚筒式等。

(1)针式穴盘播种机　此类穴盘播种机械大多是利用真空泵或空气压缩机使针管内产生真空度,利用吸针将种子从种箱中吸附起来,利用传动机构将吸针移至穴盘上方,再切断气路,种子在重力作用下掉落至穴盘中,实现播种。该类排种机构可实现每次播种单粒种子的精密播种,作业可靠性高,作业效率较高,调整真空度可适应不同大小种子;但由于吸附时吸针会对种子产生冲击,容易造成种子损伤。

(2)气吸滚筒式穴盘播种机　该类播种机械的排种器是一种在滚筒上开有型孔,在滚动内侧接有真空泵等真空发生装置,工作时当滚筒上的型孔旋转至种箱上方,靠负压吸附种子,当种子随滚筒旋转至排种口时,由于此时滚筒内部的结构,滚筒内侧联通大气压,种子在重力作用下落入排种口。为了种子能更好地吸附,通常会在种箱下安装起振器。

(3)板式穴盘播种机　板式播种机是在一块与穴盘大小相同的板上,对应种穴的位置开有与种穴个数相同的小孔,上方安装有真空发生装置,工作时将整块吸板移至种箱上方,一次吸附整个穴盘所要播种的种子,再将吸板移至穴盘上方,破坏真空,种子在重力作用下掉入穴盘。此类播种机械由于一次播种整个穴盘,效率较高,但播种时需要将吸板和穴盘的位置精确对准,对机械的安装定位、传动精度等要求较高。

(4)窝眼轮式穴盘播种机　此类播种机械是在排种轮上开有型孔,排种轮旋转时,种子会在重力作用下进入型孔,后经刮种器刮掉多余的种子,排种轮继续旋转,最后种子在重力作用下落入排种口,实现播种。此种播种机械由于型孔是固定的,但种子大小有别,不能实现每次一粒的精密播种。

(5)穴盘播种成套设备　成套设备是集穴盘运输、基质装填、压窝、播种、覆土、压实、浇水等于一体的全自动化设备,工作时效率高、工人劳动强度低,但其价格较高,运行成本也高。如果生产规模较小,则其经济性不高。

目前在我国,近几年也开发了多种穴盘育苗播种机械,如中国农业工程研究设计院和中国农业大学等单位联合研制的2XB-400型穴盘育苗精量播种机,北京海淀农机研究所研制的2BQJP-120型穴盘播种机,浙江台州生产的YM-0911蔬菜花卉育苗气吸式精量播种流水线,广西农机化研究所研制的2ZBQ-300型双层滚筒气吸播种机,胖龙(邯郸)温室工程有限公司研制的BZ30穴盘精量播种机等,在少数大型育苗工厂得到推广,在大多数中小型育苗企业,育苗播种还是以人工播种方式为主。

214. 番茄生产中有哪些新型嫁接装备?

嫁接技术广泛应用于番茄的生产中,可以改良品种和防止病虫害。嫁接装备(嫁接机器人)是一种集机械、自动控制与园艺技术于一体的高新技术装备,可在短时间内把直径为几mm的砧木和芽胚嫁接为一体,大幅提高嫁接速度,同时避免了切口长时间氧化与苗内液体的流失,提高了嫁接成活率,大大提高了工作效率。嫁接机按照嫁接方法的不同,可以分为贴接式嫁接机、靠接式嫁接机和插接式嫁接机等;按照自动化程度,可以分为全自动嫁接机、半自动嫁接机和手动嫁接机;按照尺寸大小,可以分为大型嫁接机、中型嫁接机和小型嫁接机。

(1)GR800型嫁接机　日本井关GR800型嫁接机是一款半自动贴接式嫁接机,可用于瓜、茄科作物的嫁接。该机运动部件的动力方式为气动,采用人工单株形式上苗,砧木和接穗均采用缝隙托架上苗,砧木和接穗结合的夹持物为普通嫁接夹。该机进行作业时需操作人员 5 名,嫁接生产率为 800 株/h,嫁接成功率达 90% 以上。

(2)KGM0128 型嫁接机　日本 KGM0128 型嫁接机是一款全自动平接式嫁接机。该机采用标准 128 穴的穴盘播种砧木和接穗,砧木和接穗的固定使用一种特殊的胶黏剂黏合。该自动嫁接机能同时嫁接几棵苗,嫁接速度为 1 000 株/h,嫁接成功率可达 95%。KGM0128 型嫁接机主要用于大规模的蔬菜生产机构,自动化程度高,但方法复杂,价格过高。

(3)T600 型嫁接机　日本洋马 T600 型嫁接机是一款半自动套管式作物嫁接机。该机采用"V"字形平接法,只能 1 人操作,分别将去土砧木和接穗以单株形式,送到嫁接机的托苗架上,嫁接机自动完成砧木和接穗的切削、对接及上固定套管作业。该机生产率为 600 株/h,嫁接成功率达 98%。洋马 T600 型嫁接机体积较小、操作方便。

(4)韩国靠接嫁接机　韩国靠接嫁接机为小型半自动作物嫁接机。该机采用凸轮传动,分别完成砧木夹持、接穗夹持、砧木和接穗切削和对接 4 个动作。该机生产率为 310 株/h,嫁接成功率为 90%。韩国靠接嫁接机结构简单、操作容易、成本低廉,但其机械化程度和嫁接效率都比较低。

(5)韩国针式嫁接机　韩国针式嫁接机是一款全自动嫁接机,主要用于茄科类蔬菜(番茄、茄子、辣椒等)的嫁接。该机采用具有防回转功能的五角形陶瓷针作为砧木和接穗的固定物,利用 50 孔穴盘培育砧木和嫁接苗并直接以穴盘形式整盘上砧木和接穗苗,一个嫁接作业循环可同时完成 5 株苗的嫁接作业。该机嫁接作业能力可达 1 200 株/h,生产效率得到了大幅度提高。

(6)套管式半自动嫁接机　台湾的台南地区农业改良场与台湾大学生物产业机电工程学系陈世铭教授及宜兰技术学院生物机电工程学系邱奕志教授等共同合作开发套管式番茄种苗嫁接机,主要用于番茄等种苗的嫁接。套管式半自动嫁接机,由砧木自动夹持切断定位机构、穗木自动夹持切断定位机构、套管自动导入切断机构、套管插入导正机构与控制机组成,主机体长约 55 cm、宽 76 cm、高 130 cm,两侧附有旋转式置苗架,若置苗架全展开,机体总长为 115 cm、总宽为 215 cm。使用 110 V 电源、6kg/cm² 空气压力、20 号手术刀片与内径约 3 cm 的胶管,可一人操作,双手取苗与挂苗,进行机械嫁接作业。

215. 番茄生产中有哪些新型移栽装备?

番茄移栽机械主要由落苗机构、行走机构、行距调整机构等组成,见图 43。其工作原理是来自拖拉机的动力由驱动轮传动到偏心机构和长连杆,长连杆运动过程中带动下顶杆的上移,推开门杆,同时顶开上顶杆,苗盘中的秧苗通过隔板式带式输送装置将苗由送料轮输送至导苗器,偏心轮机构转过 180°后,中门打开,苗落入漏斗中,随着驱动轮的运转实现插苗。目前在我国,近几年也开发了多种移栽机械,如田耐尔牌秧苗移栽等机、鹏飞牌多功能秧苗移栽机、富来威油菜移栽机、重庆北卡农业科技有限公司生产的番茄移栽机等。

智能移栽机器人主要是番茄苗的移栽,大大减少了人工劳动,提高了移栽操作质量和工作效率。它把种苗从插盘移栽到盆状容器中,以保证适当的空间,促进番茄的扎根和生长,便于装卸和转运。现在研制出来的智能育苗装备有两条传送带:一条用于传送插盘,另一条用于传送盆状容器。其他的主要部件是插入式拔苗器、杯状容器传送带、插漏分选器和插入式栽培器。在许多情况下,种子发芽率只有70%左右,而且发芽的苗也存在坏苗,所以智能育苗装备引入图像识别技术进行判断,经过探测之后,准确判别好苗、坏苗和缺苗,指挥机械手把好苗准确移栽到预定位置上。如台湾 KC. Yang 等研制的移栽机器人。

图43 三垄番茄移栽机

216. 番茄生产中有哪些新型采摘装备?

近年来,为提高番茄的采摘效率,研发了一系列智能采摘装备(采摘机器人)。该类装备采用彩色或黑白摄像机作为视觉传感器来寻找和识别成熟果实,主要由机械手、终端握持器、视觉传感器和移动机构等主要部分组成。一般机械手有冗余自由度,能避开障碍物,有时终端握持器中间有压力传感器,避免压伤果实。

(1)SL350 型番茄采收机 美国 FMC 公司生产的 SL350 型番茄采收机,行走方式为轮式自驱动型,轮距1.5 m采用无级变速,四轮驱动,采收效率最大为20~35 t/h。

(2)日本松下番茄采摘机器人 日本松下公司开发出一款番茄采摘机器人,该番茄采摘机器人使用的小型镜头能够拍摄7万像素以上的彩色图像。首先通过图像传感器检测出红色的成熟番茄,之后对形状和位置进行精准定位。机器人只拉拽菜蒂部分,而不会损伤果实。在夜间等无人时间也可进行作业。采摘篮装满后,将通过无线通信技术通知机器人自动更换空篮。可对番茄的收获量和品质进行数据管理,更易于制订采摘计划。目前采摘1颗番茄需要20 s左右,松下今后将进一步提高传感器性能,采摘速度有望提高至6 s。

(3)4FZ-2 型自走式番茄收获机 为了适应加工番茄的大面积采收,石河子贵航农机装备有限责任公司生产的4FZ-2型自走式番茄收获机,是一种适用于加工番茄的自走式收获机。该机的总体结构包括切割捡拾装置、分离装置和筛选装置三大核心工作部件,在地形平坦,土壤绝对含水率为18%,番茄成熟度为98%的情况下,该机平均生产率为0.26% hm^2/h,平均损失率为4.36%,平均破损率为4.10%,平均含杂率为3.09%,各项指标均达到行业标准 NY/T 1824—2009。

217. 番茄生产中有哪些新型植保装备？

植保机械主要分为4大类:喷杆式喷雾机、风送式喷雾机、小型植保机械、飞行植保机械。

(1)喷杆式喷雾机　喷杆式喷雾机(图44)已由传统的机械传动、控制向液压传动、电气传动和控制转换,计算机监测、控制系统已大量应用。大型自走式机具大多采用四轮液压驱动,喷幅达到 $10\sim40\ m^3$,中型自走式机具采用先进的变速箱和发动机制造工艺,减震效果好、噪声小,操作舒适。

图44　喷杆式喷雾机

(2)风送式喷雾机　风送式喷雾机设计制造工艺十分先进,其喷射部件、风筒可做成各种形状,机具的风筒可以根据作物的形状任意弯曲、组装,可任意调节喷洒方向进行针对性喷洒,风管可任意弯曲、组装,以适应不同作物的喷洒要求;风机和喷射部件可任意旋转,以适应远程喷雾和射高喷雾,最大限度地提高了风能的利用率和雾滴的穿透率、附着率。

(3)小型植保机械　小型植保机械主要包括背负式喷雾机和手动喷雾器2类,数量和品种虽少,但产品的技术含量较高。目前在中国占绝对地位,占整个市场份额的80%左右。国产小型喷雾器产品制造技术水平高,喷射部件品种丰富,喷嘴型号较全;但是整体加工质量不高,施药量大,雾化不良,作业功效低,农药浪费现象严重,给生态环境造成严重污染。

(4)飞行植保机械　在农业生产集约化、综合化的趋势下,大力发展农业航空装备,使用的农业飞机成为植保机械的一个重要组成部分。农业飞机在生产过程中飞行组织迅速、作业效率高、单位面积作业成本低。特别是采用无人机(UAV)的喷雾装置起降大多不需要专用的机场,飞行稳定性高,操控性能好,作业灵活,为无人植保飞行器的广泛应用提供了可行性。随着农业航空的飞速发展,农用植保无人机越来越受到农民的青睐。目前,用于农业植保的无人机主要有油动/电动直升机、油动/电动固定翼飞行器、电动多旋翼飞行器等。大疆(DIJ)公司、零度智控制公司(ZEROTECH)、极飞电子科技有限公司(XAIR-CRAFT)等公司生产的多种无人机都能较好地满足生产需求。

218. 番茄生产中有哪些新型灌溉装备?

研发多功能、低能耗、低成本、智能化、精准化、绿色化的节水灌溉装备,是今后的发展趋势。

(1)喷头 喷头种类规格较多,主要分为以下几类:弹出式喷头,包括弹出固定式喷头、弹出摇臂旋转式喷头、弹出齿轮旋转式喷头和弹出远射程喷枪,旋转式喷头、中心支轴大型喷灌机压力调节喷嘴等。到目前为止,在国内应用的弹出式喷头和中心支轴大型喷灌机压力调节喷嘴主要以购买国外成熟产品为主,自行研发的较少。国产旋转式喷头使用较多的是 PY1 和 PY2 系列金属摇臂式喷头、PYC 型垂直摇臂喷头、PYS 系列塑料摇臂式喷头以及国外引进生产线生产的 ZY 系列金属摇臂式喷头。

(2)大型喷灌机 主要设备以时针式及平移式等大型喷灌机为主。国内从事大型喷灌机生产和经营活动的企业有 30 余家,代表性企业有现代农装科技股份有限公司、沧州华雨灌溉设备有限公司、宁波维蒙圣菲农业机械有限公司、大连银帆农业喷灌机制造有限公司、沃达尔(天津)有限公司等。

(3)中型喷灌机 中型卷盘式喷灌机已有各种用途的系列化机型,具有机动性强、维护保养方便、使用寿命长等特点。目前对我国市场具有较大影响的是意大利、法国和奥地利等国的制造企业。中型喷灌装备平均寿命长达 15 年左右,智能化程度较高,基本实现了按不同作物需水量进行精细灌溉。

(4)轻小型喷灌机 轻小型喷灌机组是指 11 kW 以下汽油机、柴油机或电动机配套的喷灌机组,主要包括手提式、手抬式、手推车式、小型拖拉机悬挂式、小型绞盘式喷灌机。由于我国地理、经济等特点,轻小型喷灌机组是一种比较有代表性的机组,比较适应我国农村发展的需要,受到农户欢迎。

(5)微灌装备 微灌装备包括田间固定式微灌、膜下滴灌、地下微灌、移动式微灌、微压滴灌等。国内滴灌产品具备了一定的自主研发能力,开发了一系列适合我国国情的滴灌产品。滴灌产品门类和系列基本配套,形成了灌水器、管材与管件、净化过滤设备、施肥设备、控制及安全装置等 5 个大类品种规格多样化、系列化的滴灌产品。

219. 番茄生产中有哪些新型保鲜装备?

果蔬产品最大的特点是含水量相当高,极易腐败变质,导致其保鲜期较短。目前,常见的果蔬保鲜技术大体上可分为以下几类:

(1)通风库保鲜 利用空气对流的原理,引入外界的冷空气来降温,但其功能仅限于仓库之内,一旦果蔬离开设备,就不再受其保护。

(2)冷库保鲜 冷库保鲜指机械制冷保鲜,根据所保鲜果蔬品种的不同,进行与之对应的温度调节和控制,以达到延长保鲜期的目的。缺点是由于机械冷藏需要电力支持,所以保鲜方面的成本相对较高,而且冷库会产生有害气体污染环境,其保鲜功能对设备依赖程度大。

(3)减压保鲜 主要应用于果蔬的长途运输,同样存在对设备依赖程度大的问题。

(4)新型薄膜保鲜 这种技术通过在果蔬表面或内部异质界面上人工涂一层薄膜,以阻塞果蔬表面的气孔抑制呼吸作用,减少水分的蒸发,避免微生物的污染,从而延长果蔬的保鲜期,但这种技术需要逐一涂刷每一个果蔬,对于叶菜来说难度较大,应用有限。

（5）气调保鲜　气调保鲜技术主要有两种形式,其一是气调库保鲜,其二是气调包装保鲜。相比之下气调保鲜包装技术有着明显的优越性能,因此经常性的应用于日常生活中常见的新鲜果蔬、脱水蔬菜等产品的包装。复合气调保鲜包装设备是我国食品果蔬保鲜领域全新的高科技产品,该产品在保持食品果蔬原有风味和营养价值等方面,具有独特的优势。复合气调保鲜包装也称气体置换包装,国际上称为 MAP 包装（Modi-fiedAtmospherePacking）。复合气调保鲜包装的原理是采用 2~4 种气体,按照食品的特性进行配比、混合,对包装盒或包装袋内的空气进行置换,改变包装盒或包装袋内食品的外部环境,抑制微生物（包括细菌）的生长繁殖,减缓新鲜果蔬的新陈代谢速度,从而延长食品果蔬的保鲜期、储存和货架期。

220. 番茄生产中有哪些新型运输装备?

瓜果蔬菜运输过程中尽可能将果蔬的鲜度损失减少到最低限度,是运输蔬菜的基本要求。运输时,不仅要考虑达到最高的保鲜技术要求,还应考虑成本及以后流通过程和鲜度所要求的条件。影响果蔬鲜度的条件很多,不仅表现于运输过程,也受到流通过程及收获前的栽培条件、品种等方面的影响。诸如栽培土质、栽培方式、成熟度、运输前蔬菜的保鲜状态、预冷方式及程度、杀虫灭菌、包装材料、物体温度、果蔬鲜度水平,以及承运部门的运载能力、保鲜设备、运输距离和时间、运输环境条件、物品装卸场所等。

新型冷藏运输装备应体现节能、环保的理念。在满足制冷能力的条件下,冷藏运输装备的节能、环保已成为国际冷藏运输行业未来研究的主要方向。鼓励在冷藏运输中使用气调技术和预冷技术等先进的节能技术,避免走先污染、后治理的老路。开发适合我国冷藏运输行业发展特点——"小批量、多批次"的冷藏运输装备,如多温度冷藏车、蓄冷保温箱等,大力发展适合各种冷藏运输方式联合运输的冷藏集装箱。

（1）机械冷藏车　温度可控范围广,温度分布均匀,可实现制冷、加热、通风换气、融霜自动化。

（2）冷板冷藏车　结构简单,制冷费用低,恒温性能好。但自重大,调温困难,抗震性能差。

（3）液氮、干冰冷藏车　制冷速度快,温控范围广,温度场均匀,维护费用少,具有气调功能,节能环保。

（4）隔热保温车　无冷源及制冷设备,初投资小,结构简单,能耗小,运行费用少。温度可控范围小,易受环境影响。

（5）气调保鲜车　能更好地保证货物品质,车体制造工艺要求高,对货物品质有较高要求。

（6）蓄冷板冷藏车　能耗低,成本低,灵活、可操作性强,自重大,一次充冷工作时间短。

（7）冷藏集装箱　有效容积大,可用于多种交通运输工具间联运,调度灵活、操作简便,温度稳定,损失低。初投资大,对各运输环节配套措施要求高,运输管理系统庞大,多种交通工具联运情况下优势明显。尚未大规模使用,处于起步阶段。

221. 番茄生产中有哪些新型加工装备？

(1)6SJ-500型蔬菜洁净加工成套设备 6SJ-500型蔬菜洁净加工成套设备由广东省包装食品机械研究所研制,全线包括分拣输送机、双通道连续清洗机、沥水输送机、整理输送机,并配套有臭氧消毒设备、气浴发生装置等设施,适应叶菜、瓜果等的洁净清洗,也可根据用户的使用需求,配套超声波清洗系统、低温除湿系统及自动化包装设备。

(2)6ZBS-2智能型果蔬保鲜分选成套设备 6ZBS-2智能型果蔬保鲜分选成套设备由广东省包装食品机械研究开发中心研制,适用于进行高标准的清洗、保鲜、分级处理。该成套设备系滚筒式、辊轴式果蔬保鲜分级生产线,采用先进的计算机视觉识别技术,通过彩色数码摄像系统来捕捉高速运行的水果图像,配合电脑分析软件及高效终端自动执行机构,按需求对水果进行大小、颜色等分选处理,是目前国际上采用的最先进的水果分选技术设备。

(3)DYQ系列立式果蔬汁连续压榨过滤机 DYQ系列立式果蔬汁连续压榨过滤机由安徽省合肥天工科技开发有限公司研制,适合果蔬汁饮料行业使用,也可应用于其他相关领域物料的浓缩与压榨脱水。该机脱汁过程可分为重力脱汁、楔形区预压脱汁及压榨脱汁三个重要阶段。

(4)果蔬脱水成套设备 果蔬脱水成套设备由中国农业工程研究院研制,主要由WDH系列涡旋式多功能烘干机、热风炉、主风机、副风机、余热回收器、温控设备、主风道、副风道管路等设备组成。该成套设备产品规格有20多种,烘干原料昼夜处理量1~60t不等。

(5)番茄酱加工成套设备 加工番茄是生产番茄制品的原料,以加工番茄为原料的番茄制品包括番茄酱、番茄汁、番茄沙司、去皮番茄、番茄红素等,目前番茄酱是最主要的番茄制品。番茄酱加工成套设备包括原果的提升系统、清洗系统、分拣系统、破碎系统、预热灭酶系统、打浆系统、真空浓缩系统、杀菌系统、无菌大袋灌装系统。如上海加派机械科技有限公司专业生产番茄酱加工设备,经过多年的实践经验积累,结合国外先进工艺及技术,电气配置均采用国际最先进品牌,如西门子PLC及触摸屏日处理番茄20~1 500t的番茄酱加工生产线。

小结: 农业现代化是将生物工程技术、农业工程技术、环境工程技术、信息技术和自动化技术应用于农业生产领域,根据植物生长的最适宜生态条件,在现代化设施农业内进行四季恒定的环境自动控制,使其不受气候条件的影响,生产自动化、标准化和智能化。传统农业需要人工统筹浇水、施肥、施药,农民全凭经验、靠感觉,如果实施不到位,则可能面临收成不好和失败的风险。而在智能化农业里,我们看到的却是另一番景象:无须苦苦计划何时浇水、施肥、施药,怎样保持精确的浓度,怎样实行按需供给温度、湿度、光照、二氧化碳浓度,这一系列作物在不同生长周期曾被"模糊"处理的问题,现在都有电脑智能信息化监控系统实时定量精准把关了。农民只需按个开关,做个选择,就可以根据"指令"进行操作。科学家对未来农田种植的规划是,翻土、播种、施肥、灌溉、杀虫、采收等一系列农场活动由机器人代替,农产品周年生产,均衡上市,实现生产高速度、高产出和高效益。